新型职业农民培育工程规划教材

农民专业合作社经营与管理

◎ 张正一　杨光丽　主编

中国农业科学技术出版社

图书在版编目（CIP）数据

农民专业合作社经营与管理／张正一，杨光丽主编 . —北京：中国农业科学技术出版社，2015.6

（新型职业农民培育工程规划教材）

ISBN 978 - 7 - 5116 - 2142 - 9

Ⅰ.①农… Ⅱ.①张…②杨… Ⅲ.①农业合作社 - 专业合作社 - 经营管理 - 中国 - 教材 Ⅳ.①F321.42

中国版本图书馆 CIP 数据核字（2015）第 135106 号

责任编辑	徐 毅
责任校对	李向荣

出 版 者	中国农业科学技术出版社
	北京市中关村南大街 12 号 邮编：100081
电 话	(010)82106631(编辑室) (010)82109702(发行部)
	(010)82109709(读者服务部)
传 真	(010)82106631
网 址	http://www.castp.cn
经 销 者	各地新华书店
印 刷 者	北京昌联印刷有限公司
开 本	850mm ×1168mm 1/32
印 张	5.375
字 数	130 千字
版 次	2015 年 6 月第 1 版 2015 年 6 月第 1 次印刷
定 价	22.00 元

新型职业农民培育工程规划教材

《农民专业合作社经营与管理》
编 委 会

主 任　张 锴
副主任　郭振升　李勇超　彭晓明

主 编　张正一　杨光丽
副主编　李素珍　申 武　张学芳
编 者　杜振和　王瑞芝　常 凯
　　　　刘建海　冯智慧

序

随着城镇化的迅速发展，农户兼业化、村庄空心化、人口老龄化趋势日益明显，"关键农时缺人手、现代农业缺人才、农业生产缺人力"问题非常突出。因此，只有加快培育一大批爱农、懂农、务农的新型职业农民，才能从根本上保证农业后继有人，从而为推动农业稳步发展、实现农民持续增收打下坚实的基础。大力培育新型职业农民具有重要的现实意义，不仅能确保国家粮食安全和重要农产品有效供给，确保中国人的饭碗要牢牢端在自己手里，同时有利于通过发展专业大户、家庭农场、农民合作社组织，努力构建新型农业经营体系，确保农业发展"后继有人"，推进现代农业可持续发展。培养一批具有较强市场意识，有文化、懂技术、会经营、能创业的新型职业农民，现代农业发展将呈现另一番天地。

中央站在推进"四化同步"，深化农村改革，进一步解放和发展农村生产力的全局高度，提出大力培育新型职业农民，是加快和推动我国农村发展，农业增效，农民增收重大战略决策。2014 年农业部、财政部启动新型职业农民培育工程，主动适应经济发展新常态，按照稳粮增收转方式、提质增效调结构的总要求，坚持立足产业、政府主导、多方参与、注重实效的原则，强化项目实施管理，创新培育模式、提升培育质量，加快建立"三位一体、三类协同、三级贯通"的新型职业农民培育制度体系。这充分调动了广大农民求知求学的积极性，一批新型职业农民脱颖而出，成为当地农业发展，农民致富的领头人、主力军，这标志着我国新型职业农民培育工作得以有序发展。

　　我们组织编写的这套《新型职业农民培育工程规划教材》丛书，其作者均是活跃在农业生产一线的技术骨干、农业科研院所的专家和农业大专院校的教师，真心期待这套丛书中的科学管理方法和先进实用技术得到最大范围的推广和应用，为新型职业农民的素质提升起到积极地促进作用。

高地旺

2015 年 5 月

前　言

　　自从党的"十八大"提出"培育新型经营主体，发展多种形式规模经营，构建集约化、专业化、组织化、社会化相结合的新型农业经营体系"以来，新型经营主体发展迅猛，其中，农民合作社的发展更是如雨后春笋。据统计，到2014年12月底，全国依法登记注册的专业合作、股份合作等农民合作社达128.9万家，同比增长31.2%；实际入社农户9 227万户，约占农户总数的35.5%，同比增长24.5%。各级示范社超过12万家，联合社达到6 800多家。农民专业合作社如何起步、如何经营，成为实践探索的重要问题。

　　本书结合全国各地农民专业合作社的经营管理经验，参考了大量最新资料，从农民专业合作社基本知识、农民专业合作社理事长的职责、农民专业合作社的组织管理、农民专业合作社的业务管理、农民专业合作社的经营管理、农民专业合作社的财务管理和农民专业合作社的发展与扶持等方面依次进行了详细介绍。内容翔实、通俗易懂、科学实用是本书最大的特色，相信能够给广大农民朋友、合作社负责人以及基层干部在农民专业合作社实践中，提供一定的帮助。

　　由于编写时间仓促，加之编者水平所限，书中难免存在不足之处，恳切希望广大读者批评指正，以便再版时修订。

编　者

2015 年 5 月

目 录

第一章　农民专业合作社概述

第一节　农民专业合作社的界定

一、农民专业合作社的定义

农民专业合作社是在农村家庭承包经营基础上，同类农产品的生产经营者或者同类农业生产经营服务的提供者、利用者，自愿联合、民主管理的互助性经济组织。

农民专业合作社以其成员为主要服务对象，提供农业生产资料的购买，农产品的销售、加工、运输、贮藏以及与农业生产经营有关的技术、信息等服务。

二、农民专业合作社的特征

我国农民专业合作社与以公司为代表的企业法人一样，是独立的市场经济主体，具有法人资格，享有生产经营自主权，受法律保护，任何单位和个人都不得侵犯其合法权益，其特征如下所述。

1. 农民专业合作社是一种经济组织

近年来，我国各类农民合作经济组织发展很快，并呈现出多样性，如农民专业技术协会、农产品合作社、农产品行业协会等，这些组织在提高农业生产的组织化程度、推进农业产业化经营和增加农民收入等方面发挥了积极的作用。由于这些组织在组织形式、运行机制、发展模式以及服务内容和服务方式上具有不同特点，有的已有相关法律、行政法规予以规范。因此，《中华人民共和国农民专业合作社法》（以下简称《农民专业合作社法》）只调整各类合作经济组织中的一种，即农民专业合作社，只有从事经营活动的实体型农民合作经济组织才是农民专业合作社，那些只为成员提供技术、信息等服务，不从事营利性经营活动的农民专业技术协会、农产品行业协会等不属于农民专业合作社，不是《农民专业合作社法》的调整对象。

2. 农民专业合作社是自愿和民主的经济组织

任何单位和个人不得违背农民意愿，强迫他们成立或参加农民专业合作社；同时，农民专业合作社的各位成员在组织内部地位平等，并实行民主管理，在运行过程中应当始终体现"民办、民有、民管、民受益"的精神。

3. 农民专业合作社是专业的经济组织

农民专业合作社以同类农产品的生产或者同类农业生产经营服务为纽带，来实现成员共同的经济目的，其经营服务的内容具有很强的专业性。这里所称的"同类"，是指以《国民经济行业分类》规定的中类以下的分类标准为基础，提供该类农产品的销售、加工、运输、贮藏、农业生产资料的购买以及与该类农业生产经营有关的技术、信息等服务。例如，可以是种植专业合作社，也可以是更具体的葡萄种植、柑橘种植等专业合作社。

4. 农民专业合作社是具有互助性质的经济组织

农民专业合作社是以成员自我服务为目的而成立的，参加农民专业合作社的成员，都是从事同类农产品生产、经营或提供同类服务的农业生产经营者，目的是通过合作互助提高规模效益，完成单个农民办不了、办不好、办了不合算的事。这种互助性特点，决定了它以成员为主要服务对象，决定了"对成员服务不以营利为目的"的经营原则。

5. 农民专业合作社是建立在农村家庭承包经营基础之上的

农民专业合作社区别于农村集体经济组织，是由依法享有农村土地承包经营权的农村集体经济组织成员，即农民为主体，自愿组织起来的新型合作社。加入农民专业合作社不改变家庭承包经营。

三、与其他经济组织的区别

1. 与农村供销合作社、农村信用合作社的区别

农村供销合作社、农村信用合作社是在计划经济时代建立的。政府为了解决工农产品交换和调剂农副产品、资金余缺问题的官办组织，经营管理上没有农民的发言权。现在的农村供销合作社在经过产权制度改革后，建立了合作社章程，吸收农民参加的，正在向这方面转变。

2. 与社会团体的区别

相同点是组建目的，都是为了实现成员间的共同意愿。

不同点是社会团体不能从事营利性经营活动，而农民专业合作组织需要对外从事营利性经营活动。

3. 与集体经济组织的区别

相同点是都为农民群众的集体组织。

不同点是集体经济组织是政府的基层政权组织，是政社合一体，分配平均化，管理缺乏民主，受行政区划的限制，而农民专业合作组织不受行政区划的限制，是农民自己的组织，活动的范围更大、更广。

4. 与工商企业的区别

相同点是都要从事营利性经营活动，组建方式可以采用股份制和股份合作制。

不同点是社会效益重于经济效益。农民专业合作合作组织经营收益在提取必要的公积金、公益金以后，需返还给组织成员；

且它的组织方式上更为灵活，除股份制和股份合作制外，还可以实行会员制，组织成员可以跨行业、跨行政区域。

5. 与独资企业的区别

（1）所有权形式不同。农民专业合作组织是社员所有的企业，其主体是社员。投资者可以是社员，也可以是非社员。独资企业的主体是投资者，而且仅限于一个自然人，投资主体是单一的。

（2）财产所有权不同。农民专业合作组织的社员仅对自己投入企业的财产享有所有权，而且不能任意支配与转让。独资企业的业主完全拥有企业财产。

（3）管理机构不同。农民专业合作组织一般设社员大会、理事会、监事会等管理机构。独资企业业主的所有权与管理权是完全统一的。

（4）责任方式不同。农民专业合作组织的社员以其所持股份为限承担责任，合作社以全部资产承担责任。独资企业的业主对企业经营的一切风险及债务承担无限责任。

6. 与公司企业的区别

（1）所有权形式不同。农民专业合作组织的主体是社员，具有人合性的特征。公司企业是资本的联合，具有典型的资合性，资本在组织中居于主导地位。

（2）宗旨不同。农民专业合作组织对社员不以营利为目的，对外经营也是为了社员的利益。公司是以谋求资本利润最大化为宗旨。

（3）管理方式不同。农民专业合作组织实行社员民主管理，每一个社员都拥有一票的权利。公司实行资本民主，股东的地位以出资额确定。

（4）收益分配不同。农民专业合作组织按照与社员的交易量或惠顾额进行收益返还。公司企业按照出资额或按股份进行分红。

（5）注册条件不同。对农民专业合作组织最低注册资本数额，一般没有具体的要求，只在人数上有限制，一般为在 7 人以上。我国公司法规定，股份有限公司的最低注册资本数额为 1 000 万元，对人数没有限制规定；有限责任公司的最低注册资本数额为 10 万元，人数限制在 2～50 人范围内。

7. 与合伙企业的区别

农民专业合作组织是以社员大会批准的章程为依据，章程具有约束力。合伙企业是按照合伙人在自愿、平等基础上签订的协议而成立。农民专业合作组织的社员仅以其出资额为限，对合作社承担有限责任，即使资不抵债，债务清偿也不涉及社员的个人财产。合伙企业的各合伙人对企业债务承担无限连带责任。从企业的终止看，农民专业合作组织不会因某一个社员的加入或退出，影响其存续与终止。合伙企业的存亡则取决于所有合伙人的去留、存亡。如果其中一个合伙人退出或死亡，企业就必须解散，重新建立合伙关系。

第二节　农民专业合作社的主要类型

一、根据依托对象的不同分类

农民专业合作社根据依托对象的不同可以分为 5 种类型，即政府依托型，供销社依托型，社区组织依托型，实体依托型和能人依托型。

1. 政府依托型

政府依托型是政府依据自己的行政力量在其所辖区域内先搭起专业合作社的架子，然后再吸收一些专业大户为理事，自上而下组建。

2. 供销社依托型

供销社依托型是通过依托供销社的人员、结构、固定资产或设施而组建起来的。

3. 社区组织依托型

社区组织依托型是依托村或乡（镇）社区组织而组建的，以社区组织的人力、物力为后盾，具有一定的区域性。

4. 实体依托型

实体依托型是依托某一实体组建的，即"合作社＋企业＋农户"。实体依托型合作社不仅可以发挥合作社的经济功能，也有利于其社会功能的实现，从发达国家农业发展历程来看，这种类型将成为今后我国农民专业合作经济组织的主流。

5. 能人依托型

能人依托型是由专业能手（农村精英）或专业大户（生产大户、销售大户）组建的。这类合作社，除个人占有的资产份额较大外，对农民专业合作社的发展影响较大，可以充分放大能人的实际作用，更好地发挥能人的特长。

二、以生产环节为标准分类

以生产环节为标准可将合作社分为 4 类。

1. 生产合作社

生产合作社是指从事种植、采集、养殖、渔猎、牧养、加工、建筑等生产活动的各类合作社。如农业生产合作社、手工业生产合作社、建筑合作社等。

2. 流通合作社

流通合作社是指从事推销、购买、运输等流通领域服务业务的合作社。如供销合作社、运输合作社、消费合作社、购买合作社等。

3. 信用合作社

信用合作社是指接受社员存款贷款给社员的合作社。如农村信用合作社、城市信用合作社等。

4. 服务合作社

服务合作社是指通过各种劳务、服务等方式，提供给社员生产生活一定便利条件的合作社。如租赁合作社、劳务合作社、医疗合作社、保险合作社、利用合作社等。

三、以合作社自身功能为标准分类

以合作社自身的功能为标准，合作社可分为生产类合作社和服务类合作社。

1. 生产类合作社

其内容与前述生产合作社相同。

2. 服务类合作社

其内容与前述服务合作社相同。在服务类合作社中，常见的有如下几种。

（1）消费合作社。消费合作社是指由消费者共同出资组成，主要通过经营生活消费品为社员自身服务的合作组织。

（2）供销合作社。供销合作社是指购进各种生产资料出售给社员，同时，销售社员的产品，以满足其生产上各种需要的合作社，是当前世界上较为流行的一种合作组织。供销合作社经营方式有两种，一是专营供给业务；二是兼营农产品运销或者日用工业品销售等业务。

（3）运销合作社。运销合作社是指从事社员生产的商品联合推销业务的合作社，有时候兼营产品的分级、包装、加工等业务。

运销合作社的业务主要集中在农产品运销方面，源于大机器工业生产条件下，工业品主要通过各种大型的商业机构销售，而农业生产和农产品基于其自然特点，供应不能十分均衡，价格变化较大。通过组织合作社专门销售，可以尽量避免经济上的风险。

目前，世界各国的运销合作社主要采用3种不同的运销制度：一是收购运销制，即合作社收购农产品后再行销售，销售盈利与社员无关；二是委托运销制，即合作社代理销售，销售款在扣除一定费用后全部交给社员，盈亏由社员承担；三是合作运销制，即合作社将社员所交的同级产品混合销售，社员取得平均收入。

（4）保险合作社。保险合作社是指个体劳动者、业主、职工联合起来，按照保险法的规定，采取互助方式，以社员为保险对象而经营保险事业的合作社。这种保险组织，由社员交纳保险费，社员自己经营与管理，共同负担灾害损失，维护社员的自身利益。

保险合作社主要有3类：一是消费者保险合作社，以人身保险为主；二是劳动者保险合作社，以失业保险和意外保险为主；三是农业保险合作社，以农业生产和收获保险为主。

（5）利用合作社。利用合作社是由合作社置办各种与生产有关的公共设备或者生产资料，以供社员分别使用的一种合作社。

目前，在世界各国比较普遍的利用合作社有：农业机械利用合作社、种畜利用合作社（利用良种、繁殖家畜）、电气利用合作社、仓库利用合作社、水利利用合作社、土地利用合作社等。

第三节　农民专业合作社的功能与作用

一、农民专业合作社的功能

农民专业合作社在组织农民、发展经济、增加收入等方面具有 4 个方面的功能。

1. 组织功能

农民专业合作组织，对发展农村经济、促进农业产业化经营、增加农民收入方面的组织功能十分明显，具体可归纳为以下 4 个方面。

一是按照国家产业政策，组织成员进行生产与销售，促使农业生产由行政管理过渡到由合作组织协调管理；二是根据国家产业规划以及市场信息，组织和协调农户进行专业生产，有利于促进农业生产的专业化；三是根据市场需求和农民意愿，把分散的专业户、专业村，通过专业合作，创建起各种类型的专业生产合作社，组织农民共同闯市场，有利于提高农副产品的市场竞争力；四是随着经济的不断发展，通过各类合作经济组织，可以直接组织农业劳动力有序地流转到第二、第三产业，逐步实现农业规模经营，有利于提高农业产业化经营水平。

2. 中介功能

各地经济发展的实践证明，大公司、大企业、大市场不可能直接面对千家万户。同样，分散经营的农户，既无法直接加入大公司、大企业的经营序列，也无能力进入大市场参与销售农产品的竞争。在市场需求与市场竞争中，农户为避免自然风险与市场风险，需要"合作经济"这一中介组织。同样，公司、企业也需要一个中介组织，以节约交易成本。无论公司、企业，还是农户，作为产业链的两端，都需要一个中介组织，使公司与农户对接，使市场与农户对接。

3. 载体功能

载体功能是指农民专业合作组织从单纯的组织功能、中介功能中"跳"出来，逐步向产前和产后延伸，即由农民专业合作组织兴办各种经济实体，逐步将自身的组织演变成社区性的产业一体化组织或专业性的产业一体化组织。实现由组织、中介到经济实体的转变是农民专业合作组织发展过程中的一次质的飞跃，对增强合作组织产品的市场竞争力、提高初级产品的附加值、增加成员收入具有十分重要的意义。

4. 服务功能

向农户提供产前、产中、产后有效服务，是实施农业产业化经营必不可少的手段。由于农民专业合作组织的根，是扎在农民这块土壤中的，因此，它对农户的服务最直接、最具体，从而成为农业社会化服务体系中不可取代的重要组成部分，成为维系农业产业化链条各环节得以稳固相连，并延伸的生命线。

二、农民专业合作社的作用

大力发展农民专业合作社，不仅是市场经济条件下提升农业产业发展水平，促进先进农业科技推广，增强农民市场竞争能力，培养农民民主意识、合作意识，提高农民组织化程度，增加农民收入的重要手段，也是推进社会主义新农村建设，实现"生产发展、生活宽裕、村容整洁、乡风文明、管理民主"目标的有效载体，是解决"三农"问题、推动新农村建设、构建农村和谐社会的切入点。农民专业合作社的作用具体表现在以下 4 个方面。

第一，农民专业合作社是提高农民组织化水平，促进生产发展、农民增收致富的重要途径。

建设社会主义新农村最关键的是发展农村生产力，增加农民收入。这是农民提高生活水平、生活质量，改善村容村貌，促进乡风文明的物质基础。但在市场经济条件下，农民单家独户的小规模分散经营，种养面积小，产量低，农业生产成本高，难以形成规模优势，加上信息不灵，科技含量低，经济实力弱，农业经济效益并不明显。农业作为弱势产业，农民作为弱势群体的地位更加突出。农民专业合作社作为一种由农民互助合作性质的经济组织，通过联合生产，规模经营，可以有效地将分散的资金、劳动力、土地和市场组织起来，解决市场"小农户"和"大市场"的对接和适应问题，以较低的交易成本进入市场，降低交易费用，提高农副产品的附加值，实现农民持续增收、生活富裕的目的；也有利于解决稳定家庭联产承包责任经营与扩大规模经营的矛盾、农户与龙头企业之间的矛盾，促进农业产业化经营，增强农户和农业的市场竞争能力，逐步提高在市场竞争中的谈判地位。

第二，农民专业合作社是促进农业科技推广、培养新型农民、提高农民素质的重要渠道。

农民是农村的主人，是建设社会主义新农村的主要力量。建设新农村，应当重视农村人力资源的开发利用，强化农村劳动力的科学技术和职业技能培训，提高农民科技文化素质，培养造就一批有文化、懂技术、会经营的新型农民。而搞好农业科技培训，提高农民专业合作社成员的科技文化技能，则是农民专业合作社为成员提供服务的主要职能之一。农民专业合作社的培训，往往结合合作社经营的项目，根据实际生产的需要和农时的特点，通过室内讲授、科学示范与现场指导等方式，传播新技术、新信息、新成果，解决生产经营中的现实问题，有很强的针对性和时效性，容易引起农民浓厚的学习兴趣，既有效地提高农民的生产技能和综合素质，也促进了农业科技新成果的普及、推广和应用。同时，农民专业合作社也为广大农民学习经营管理、市场营销、法律等方面知识提供了平台，可以使农民在科技推广、分工协作、组织管理、市场营销、对外联系等方面得到锻炼，有利于增强农民的科技意识和合作精神，提高适应市场经济、接受新事物的能力。

第三，农民专业合作社是实行民主管理、民主监督，培养农民民主意识、合作意识的有效场所。

农民专业合作社是在农村家庭承包经营基础上，同类农产品的生产经营者或者同类农业生产经营服务的提供者、利用者，自愿联合、民主管理的互助性经济组织，其最大的特点是"民办、民管、民受益"，实行自愿加入，民主管理。每个专业合作社都要求制定合作社章程，理事会、监事会职责，社员代表大会职责，以及培训、财务管理、分配等制度，对规范社员行为、实行民主集体管理起到积极作用。特别是农民专业合作社与合作社社员的经济利益密切相关，每个农民都有根据自己的经济利益、经济要求参与民主决策，进行民主监督的主观愿望和内在积极性，使得广大社员在直接参与合作经济组织的生产、经营、管理和监督实践中，得到民主管理的锻炼，逐步增强参与意识、民主意识和监督意识。可以说农民专业合作社是农民进行自我教育，加强民主管理，实行民主自治的学校，是提高农民素质的根本途径。

第四，发展农民专业合作社，还有利于推动农村综合改革，更好地解决农业投入机制、土地规模经营、集体经济管理、农村基层组织建设等诸多问题。

在施行《农民专业合作社法》和落实国家有关促进农民专业合作社发展政策措施的过程中，要因地制宜，充分利用当地的传统优势、资源优势，围绕当地的特色优势产业和主导产品，科学选择农民专业合作社的发展项目和发展方向，努力营造农民专业合作社良好的发展条件和政策环境，促进农民专业合作社的健康发展。

案 例
以合作社为纽带开拓市场助农增收

云南省丽江市华坪县海拔 1 600 到 2 200 米的北部山区，山峦起伏，沟壑纵横，云封雾锁，年均降水 1 061 毫米，年均气温19.8℃，最热月（5 月）平均气温 25.8℃，最冷月（12 月）平均气温 11.8℃，土壤 pH 值 4.0 ~ 5.5，呈微酸性，森林覆盖面积达 50% 以上，适宜于茶树的生长，茶叶品质上乘、香气宜人；高海拔地区气候温凉，茶树不易发生病虫害，因此，茶农在种植茶树时不用或少用农药，再加上由于山高，经雨水的冲刷使得农药不会太多聚集在土壤里，这样得天独厚的自然条件，使这里成为了云南省少数高香型有机生态绿茶的生产基地。

从 20 世纪 80 年代开始，当地农民大量种植茶树，期盼着能使自己尽快富裕起来。但是由于缺乏统一的茶叶生产标准，缺乏成熟的加工技术及完善先进的加工设备，更无茶叶商品的品牌和稳定畅通的销售渠道，当农民把自己手工加工的、五花八门的茶叶产品拿到市场去销售时，要么无人问津、要么价格太低，看着那些既吃不完又卖不出去的茶叶，茶农们发愁了，他们期盼富裕的梦想破灭了。为了生活，茶农们砍完几乎所有的茶树而又改种上玉米、马铃薯等传统作物；在农闲之余，他们只能在心里默默地做着那可望而不可即的茶叶致富梦。

《农民专业合作社法》出台后，为了解决广大茶农在茶叶种植、加工、销售和技术等方面的难题，在县委、县政府的关心、重视下，在农业等职能部门的具体指导下，2007 年 3 月 15 日丽江市第一个农民专业合作社——华坪县老字号茶业专业合作社挂牌成立，并于 2008 年 5 月 28 日从县工商局正式取得了农民专业合作社法人营业执照；合作社成立时有社员 115 名，遍及华坪县北部山区的 4 个乡镇，注册资金 25 万元，固定资产 120 万元，合作社的每股股金额为 1 000.00 元，每个社员的股份不能超过

20股；合作社在以李世贵为社长的管理层带领下，充分利用自然优势、区位优势和品种优势，严格遵循"民办、民管、民受益"的办社宗旨，与云南省茶叶研究所加强科技合作，量身打造茶叶产品；走"生产、服务、销售"一条龙经营的路子，组织广大社员种好茶、做好茶、卖好茶，带动和帮助乡邻共同发展，取得了明显的经济效益和社会效益。

第二章　农民专业合作社理事长的职责

第一节　行使合作社法人代表职责

一、合作社理事长

根据我国实施的《农民专业合作社法》第四章第二十六条规定，"农民专业合作社设理事长一名，可以设理事会。理事长为本社的法定代表人。理事长由成员大会从本社成员中选举产生，依照本法和章程的规定行使职权，对成员大会负责"。也就是说，不管合作社规模大小、入社成员多少；也不论合作社是否成立理事会，但必须设一名理事长，而且法律又规定，理事长对外是法人代表，对内要对全体入社成员负责。由此可见，合作社理事长的人选及职责的重要性。

所谓理事长，就是合作社中对外协调办事、对内管理合作社事务的人，就是合作社这个新型经济组织的负责人、带头人。理事长并非什么官，既无行政级别，也没有事业单位的职称。但他（她）在合作社的组织发起、章程订立、管理决策、业务运营中都有着突出的影响力，其素质、能力和水平直接影响到合作社的创建和运行，一定程度上决定着农民专业合作社的成败。

二、合作社理事长职责

作为主管一个合作社的理事长，应该主管和负责以下重大事项。

（1）定期或不定期主持召开理事会、社员（代表）大会，列席参加监事会。并制定安排会议内容及会议事项。

（2）科学制订合作社年度工作计划、长远发展规划，并制定具体实施办法。

（3）积极协调好对外关系、开展对外交流与合作；搞好招商引资活动与对外业务洽谈、合同签订和产品销售活动。

（4）抓好合作社内部事务的管理，尤其注重抓好合作社外聘人才的管理、任用工作；注重抓好合作社财务管理活动，合理制定相关的各种规章制度及各种方案。

（5）抓好合作社产业或产品规模的宏观调控。时刻关注各种危机的影响，严格控制风险。逐步实现产业创新、产品升级、严把产品质量的关键环节。

（6）抓好合作社入社成员间的和谐管理，及规范化管理工作，维护合作社经营秩序，使合作社平稳运作，健康发展。

（7）贯彻执行《农民专业合作社法》《中华人民共和国农产品质量安全法》《中华人民共和国食品安全法》等重要法律法规。及时参加上级政府及主管部门召开的各种会议，并做好传达和贯彻执行。

（8）做好对合作社内外事务管理的检查监督工作。

第二节　制定发展规划

农民专业合作社要能够生存与发展才会有长期的效用。所谓发展，就是朝向长期目标，有计划的变革；所谓战略，就是概括性的大致方针与重要的工作要领。为了合作社的持久经营、永续发展，有必要制定自己具体的发展策略与规划。每年的成员（代表）大会将该合作社的发展大政方针，经大多数成员的同一表决后，要落实于营运计划中，最好编制于财务预算书中，使所有的合作社成员对于本合作社的前途都有清楚的共识和责任，以利于战略的实施与合作社的发展。

一、基本策略

合作社的使命与公司不同，公司是为资本所有者投资和掌控的，利润最大化；合作社是自我利用（服务）、共同所有、互助互帮、民主管理、不以营利为目的的成员经营组织，具有经济与社会双重性，成员间人格平等、权利相同，成员是合作社最大的资源，而非资本。基于这样的差别，合作社与公司的发展战略就相当不同。因此，合作社不能完全援用公司的发展战略模式。需要指出的是，虽同为合作社，各种合作社的经营目标也存在差别。如运销合作社主要帮助成员赚钱；而消费合作社主要帮助成员省钱，直接改善生活。由于不同类型合作社的发展目标不同，其发展战略自不相同。

但是，同为合作社，应有共同的基本战略，如下所述。

（1）合作社要明确服务成员为其使命。赚钱与否、赚钱多少不是其使命；服务成员是合作社存在的真谛。

（2）合作社要善用成员参与的特性，弥补资金匮乏的短处。

（3）合作社要有危机意识，要实施规划变革，事事评核，重视动态管理，掌控发展的绩效；并以充分的沟通排除对变革的抵触和抗拒因素。

二、发展战略

1. 合作社要稳健经营

所谓要稳健经营，就是一切按照合作制度原则诚信行事，不是指保守经营。

其要点：①合法行事。合作社是法人，要依据合作社法等法规开展经营活动，遵照规定行事，以取得成员与社会之信赖。②农民专业合作社应遵守国际合作社联盟所提倡的合作社价值与理念，依照《农民专业合作社法》的办社原则规范自身行为，从而展现合作社的独特组织特征。③合作社要有健全的社务组织机构，并以此为基础经营成员共同需要的经济事业或服务活动。④合作社的业务经营，应本着宁取低利益、低风险的稳健经营，勿采取高利润、高风险的投机行为。

2. 以成员为本，发挥组织力

资金是经济活动的重要资源之一，资金缺乏是合作社制度的一个内在缺陷，尽管合作社制度设计不利于资本要素的集聚，但是却有丰富而可靠的成员资源，假如能够将成员资源转换为人才资源，并将人才资源整合为组织力量，合作社将释放无限效能。

3. 厚积自有资金和自有资产

目前我国农民专业合作社发展中存在或面临的重要问题之一，就是合作社自有资金不足、融资困难。由于《农民专业合作社法》对成员出资与否、出资多少没有强制性规定，只要符合章程规定就准予成立，从而从制度上体现了合作社是资金实力薄弱成员组成的这一组织特征，加之不主要以出资额进行盈余分配，自然缺少吸引出资的利润诱因，因此，合作社的自有资金往往比较匮乏。

如何解决合作社自有资金不足和自有资产虚无给合作社发展带来的不利影响，通常有 3 种办法：①可以采取一事一议，由成员（代表）大会作出决议的办法，按照具体开展事业的资金需求向成员集资；②延缓摊还成员分配金；③建立成员互助合作金，办互助合作金融。

4. 重视公共关系，争取外部扶持

合作社虽然是自立自主的组织，但绝不是置身于大环境之外，无须外力扶持、自给自足的孤岛，而是受到合作社外部环境的影响。外力有助力，也有阻力。政府向农民专业合作社提供项目扶持、税收政策优惠以及奖励补助等，是合作社发展的有力推动力。

第三节　做出实施决策

理事会或理事长是实施合作社成员（代表）大会决策的执行机构和参谋机构，同时，在成员（代表）大会休会期间要根据实际情况和发展需要适时应变，做出相应的实施决策。包括确定和调整发展目标、确定和调整生产经营业务、落实和执行生产计划等。

一、确定和调整发展目标

确定和调整合作社的发展目标，不能凭一时的热情和主观愿望来决定，而需要进行可行性分析，从实际出发，根据各种外部经济环境条件、成员需要和发展的可能等因素进行。

一般来说，合作社的发展目标可区分为经济目标和社会目标：经济目标以为成员技术、信息、农产品销售、生产资料购买以及资金等服务为手段，促进成员生产的发展，提高成员的经济收入以及经济、文化与社会地位。某个农民专业合作社，是要办成生产服务型还是产销结合型、产加销一体化型，需要根据成员意愿的需要、客观条件等因素做出选择。合作社的社会目标，是在经济目标的基础上，追求合作社的理念和价值，实现社会公正与共同致富，这是合作社的可贵特质。

二、确定和调整经营业务

农民专业合作社能否成功发展，实现其正面的功能作用，准确定位合作社的业务范围很重要。关键是农民专业合作社要根据本合作社成员生产发展需要，结合当地发展优势条件，确定经营服务的内容，并逐步扩展合作社对成员的服务功能。

一般说，合作社最主要的生产经营业务有：某个专业产品（如玉米、水稻、小麦、苹果、梨、桃、柑橘、葡萄、枣、蔬菜、茶叶、生猪、奶牛、鸡、鸭等）的生产（种植或养殖等）；农业生产经营有关的技术培训、新品种引进；提供农业生产资料的购买；农产品的贮藏、运输与销售服务；产品加工增值；信息服务等方面。农民专业合作社生产经营的业务范围一经确立，就要写入章程，并要由工商部门登记予以确认。

虽然农民专业合作社可从事的经营业务非常广泛，但需要注意的是，合作社是从事专业化的生产经济组织，其成员组成具有同一产业或产品生产的专业性，因此，其经营服务的内容也具有很强的专业性。目前，我国农民专业合作社大多是西瓜、苹果、蔬菜、养猪、养鸡等单一产品的专业合作社，还有一些生产资料共同利用的专业合作社，如农机专业合作社、用水合作社等。

从国内合作社发展的经验看，其经营业务的确定也是有一定规律可循的。

第一，要考虑国家农业产业发展政策导向。

国家的产业导向往往与政策支持相联系，如果合作社的经营业务与此保持一致，无疑可以获得较好的经营效益。例如，近年国家强调农产品质量安全，提倡农业生产要标准化、品牌化，也鼓励合作社为成员销售农产品等，并在各级政府的合作社示范项目中加以财政支持，如果某一专业合作社的经营业务含有这方面内容，则获得政策支持的可能性大大增强。

第二，针对主营产业特点与成员需求，选定专业合作社统一经营的内容。

目前，从产业分布上看，我国农民专业合作社涉及种植业、畜牧水产养殖业、农机及林业、用水等其他门类专业合作社。其中，农机、用水类合作社属于生产资料共同利用类型合作社，合作社的统一经营内容就是单一的生产资料的共同利用。但对于某种主导产品经营为内容的专业合作社而言，就存在选择哪些经营服务内容作为合作社统一经营业务的问题，这需要根据该合作社成员从事的产业和农户成员的共同需要而定。例如，某一奶牛合作社，由合作社统一提供的"五统一"服务内容有：①统一供应饲料，以降低成员饲养成本；②统一技术培训，以提高成员户科学养殖水平；③统一卫生标准，严把鲜奶质量关；④统一对流通设施投入，降低流通成本；⑤统一签订购销合同，降低交易费用，提高销售价格。通过选定和实施统一服务内容，合作社体现"民办、民管、民受益"的办社原则，目标是谋求奶农利益最大化。

第三，合作社的业务经营要有一个适度的经营规模。

经营规模影响合作社的经营绩效，一方面，经营规模过大可能出现服务能力跟不上，导致成员合作共赢的利益下降；另一方面，经营规模过小，合作社则难以取得与经营成本相匹配的规模经济效益，合作社的影响力自然也不会高。合作社的经营规模与其经济实力、合作社管理人员的经营素质和能力、与成员出资总量和成员数量等因素有关，因此，要根据合作社自身情况加以确定。

案 例

华丰农业专业合作社理事长——吴华平

从农业机械化的"门外汉"到农业专业合作社的"带头人"，从服务农业到经营农业，从普通的农民到中国农村新闻人物，凭着农民的勤劳、朴实和热爱钻研、敢于创新的牛劲，他走出一条农业机械化、规模化、现代化、科技化，多方合作共赢的成功之路。走进田间他躬耕田垄，以身示范，社员们对他交口称赞；跨上讲堂，他神情自若，侃侃而谈，专家教授都投来赞许的目光。

他就是全国劳动模范、湖北省农业领军人物、全国种粮售粮大户、湖北省天门市华丰农业专业合作社理事长——吴华平。

吴华平是天门市石河镇石庙村人，高中毕业后，因家庭条件限制终止学业回到家乡种地。面对一望无垠的田野，吴华平心想，要想改变农业"靠天收"的现状，就必须要有过硬的技术，要学会科学种田。那时候，他就下定决心：一定要成为一名农村实用人才，开辟一条农业发展的新道路。

从1986年开始，吴华平先后到中国农业大学跟班学习半年，远赴江苏东洋插秧机厂潜心学习插秧和农机维修技术，孤身一人前往黑龙江农场当农机手。通过不断学习和实地训练，他掌握了从工厂化育秧、机耕、机整、机插、机收等一整套机械操作流程，摸索出了从育种、壮秧、分蘖、除草、防虫等各个环节的植保技术规范。

2006年，吴华平联合邻村几位有农业机械的农户，购买了9台手扶式插秧机，成立了天门市石河农机服务队，专门从事农机服务。就这样，天门市专门从事机械育插秧的作业队应运而生。2007年7月，国家颁布实施了《农民专业合作社法》，吴华平看到了新的发展方向，于是他迅速召集队员商议成立农机专业合作社，制定了合作社的初步章程，选举产生了合作社理事会和监事会，吴华平被大伙推选为合作社第一任理事长，经过一年多的试运行，2009年4月，天门市华丰农机专业合作社正式在市工商局登记注册、挂牌营业。2012年7月，天门市市委书记张爱国亲自将合作社定名为天门市华丰农业专业合作社。

为将合作社进一步发展壮大，吴华平带领社员加强学习，从旋耕、收割、插秧、智能育秧技术，到飞机喷药防虫、稻谷烘干仓储、有机稻生产、秸秆沼气新能源的利用等，一样不落。同时，他还进一步加强与华中农业大学等高等院校、科研单位合作，先后攻克了水稻青沙育秧技术，填补了国内软盘育秧技术空白，为合作社在青沙土地区实施行机械化全程作业提供了技术保证，实现了规模种植向科学种植的转变。

如今，合作社已由最初单纯的农机服务队发展成为融合农机与农艺，以水稻、小麦、油菜全程机械化生产、加工、营销于一体的综合性农民专业合作社。合作社的社员也由最初的 20 多个人发展到现在的 232 人，农机总装备达到 420 台（套），社员人均工资更是高达 8.5 万元。

在吴华平的带领下，合作社 2010 年被农业部授予"全国农机专业合作社示范社"，2011 年被授予"湖北省'五强'农民专业合作社"，2012 年被农业部授予"全国农民专业合作社示范社"。吴华平本人在 2009 被授予"全省水稻机械化育插秧先进工作者"；2011 年，被国务院授予"种粮售粮大户"称号；2013年，荣获"湖北省农业领军人物"；2014 年，荣获"北大荒杯"2013 年度中国农村新闻人物。

作为湖北省人大代表，吴华平在加强自身学习的同时，对国家的农业发展现状、各项农业方针政策和如何推进农村深化改革等问题高度关注。作为一名地地道道的农民，他深知农村、农业和农民的现状，也清楚得看到了中国农业未来的发展方向。吴华平多次针对目前农业发展亟须解决的问题向上级领导提出建设性、可行性意见，同时，在发展现代农业的道路上，坚持贯彻执行中央文件的精神，不断推动农村深化改革，用自己的实际行动，为建设更强农业、更美农村而不懈努力奋斗着。

第三章 农民专业合作社的组织管理

第一节 农民专业合作社的设立和登记

一、农民专业合作社设立的一般流程

农民专业合作社的设立一般流程是由 5 个以上的发起人成立筹备委员会，确定合作社的宗旨、名称、经营业务等，然后向主管部门申报建立合作社，得到批准后，即时召开筹备委员会，吸纳会员，制定章程，推荐理事会、监事会成员候选人名单；之后便可以召开成立大会，宣布合作社开业。合作社成立后要建立健全工作机构，布置部门分工，建立管理机制。最后一步是到工商行政管理部门进行登记，完成机构注册，取得法人资格。

详细的流程可以按照以下 6 个步骤进行。

（一）发起筹备

（1）成立筹备委员会，制订筹备工作方案。筹委会主要由发起人和有关工作人员组成，必要时应成立专门办事机构，具体负责筹备和制订工作方案。工作方案包括为什么筹建该合作社，由谁牵头发起，会员入会条件及合作社筹备程序等。

（2）由发起人拟定社名，确立业务范围。发起人一般由 5～7 人组成，由发起人会商拟定合作社名称，确定本组织业务区域、业务项目、经营方式，并说明发起成立的缘由，预计会员人数及筹集的资金总额等。

（3）准备发起申请书。将上述发起人讨论研究确定的内容

填入合作社发起申请表，并同时准备好申请报告。申请报告内容主要包括：本社宗旨，业务范围，经营效益，内设机构和下属组织等。

（二）申请批准

要向主管部门申请批准，主要是便于合作社的主管部门与发起人加强联系，加强业务指导和管理。主管部门接到合作社发起人报送的组建申请书后，应认真进行审查，包括发起人是否有组织能力，该合作社业务数量是否达到组建规模，预期效益如何等。基本符合条件后，即可下达同意组建批复。

（三）制定章程

申请人接到主管部门准予组建的批复公文后，应即时召开筹委会，吸纳会员，参照农民专业合作社示范章程拟定本组织章程及业务计划草案。并及时推荐理事会、监事会候选人名单，依托有关部门和社会力量创建合作社，吸纳足够数量的农民成员参加理事会和监事会。

（四）召开成立大会

在上述各项筹备工作任务完成后，即可呈请当地合作社主管部门派员出席指导，并于合作社成立7日前，通知会员参加大会，如会员较多，则可按规定要求选派会员代表出席成立大会。成立大会一般包括如下议程。

（1）主持人宣布本合作社加入成员名单、人数、代表人数，全体设立人到齐后，即宣布成立大会开始。

（2）筹委会负责人作合作社筹备工作报告。

（3）主管机关负责人宣布本合作社成立的批复。

（4）宣读章程草案，并请讨论后表决通过。

（5）提出理事会、监事会候选人名单，并进行选举。

（6）理事会、监事会分别召开第一次会议，推选常务理事、理事长和监事长。

（7）主持人宣布常务理事、理事长、监事长等人选名单。

（8）理事长、监事长讲话。

（9）党政领导和有关社会各界代表讲话。

（10）宣布成立大会结束。

（五）组建工作机构

（1）召开工作会议，成立办事机构。由理事长主持常务理事工作会议，研究成立合作社办事机构和有关业务指导部门。业务大的合作社，可由理事长聘任总经理。

（2）聘任办事机构业务部门负责人，业务量小的合作社，由理事长直接聘任，设置总经理的由总经理聘任部门负责人。由各部门负责人招聘精干业务工作人员。

（3）召开业务会议，由理事长或总经理主持、有关业务部门参加讨论研究工作计划，布置和开展合作社业务工作。

（六）办理登记

依法登记是农民专业合作社开展生产经营活动并获得法律保护的重要依据。县（区）工商行政管理部门是农民专业合作社登记机关。

1. 登记事项

①名称；

②住所；

③成员出资总额；

④业务范围；

⑤法定代表人姓名。

根据《农民专业合作社法》第十三条规定，设立农民专业合作社，应当向工商行政管理部门提交相关文件，申请设立登记。

2. 登记需要提交的文件

①法定代表人签署的农民专业合作社登记申请书；

②全体设立人签名、盖章的设立大会纪要；

③全体设立人签名、盖章的章程；

④法定代表人、理事的任职文件及身份证明；

⑤全体出资成员签名、盖章的出资清单；

⑥法定代表人签署的成员名册及成员的身份证明（农民提交户口本复印件，非农民提交身份证复印件，单位成员提供营业执照）；

⑦住所使用证明（产权证明或村委会提交的证明）；

⑧指定代表或者委托代理人的证明；

⑨名称预先核准通知书（经名称预先核准的需提交）；

⑩登记前置许可文件（业务范围涉及前置许可的须提交）。

提交的文件一律使用 A4 纸印制。此外，必须要有 5 名以上成员才能设立，农民成员至少占总数的 80%。需要特别注意的是，农民专业合作社向登记机关提交的出资清单，只要有出资成员签名、盖章即可，无须其他机构的验资证明。申请登记的文件是农民专业合作社显示组织合法存在的证明，也是成员资格和权力有效存在的重要证明，其真实可靠性是保证社会交易安全的必然要求。《农民专业合作社法》第五十五条规定，农民专业合作社向登记机关提供虚假登记材料或者采取其他欺诈手段取得登记的，由登记机关责令改正；情节严重的，撤销登记。

登记程序由申请、审查、核准发照以及公告等几个阶段组成。《农民专业合作社法》第十三条规定，农民专业合作社登记办法由国务院规定，并明确办理登记不得收取费用。

二、确定合作社的经营业务和发展目标

（一）确定合作社的经营业务

成立合作社，经营什么业务是首先要解决的问题。经营业务不仅要列入合作社章程，还要由工商部门登记予以确认。合作社

确定自己的经营业务，要在符合国家产业政策和本社章程规定的前提下，根据成员生产发展的需要，结合本社实际发展情况，确定经营服务的内容，并逐步扩展合作社对成员服务的功能。

一般农民专业合作社主要的生产经营业务可以分为以下几类。

①农业生产经营中的技术培训；

②新品种引进；

③提供农业生产资料的购买；

④农产品的贮藏；

⑤运输与销售服务；

⑥产品加工增值；

⑦信息服务；

⑧其他。

需要注意到的是，确定的生产经营业务要符合成员的需要，还要发挥当地自然、经济、社会等方面的优势，不合理的经营业务会使合作社的发展受到极大的阻碍。

（二）确定合作社的发展目标

通常合作社发展目标，包括经济和社会两个最主要的目标，经济目标主要是为了提供技术、信息、产品销售等服务，帮助农民提高经济收入；社会目标是在经济目标的基础上，追求合作社的理念和价值，实现社会公正与共同致富。由此可见，农民要考虑到给自己带来的好处，才会考虑是否加入合作社。

以前，办合作社是为了能够获得或者可以更多的获得国家政策补贴与支持，因为大部分合作社都是农民自发组织成立的，农民本身处于弱势阶段，需要政府的扶持才能更好地改善农户市场竞争地位、增加农民经营收入。

现在，办合作社首先得有服务农民的胸怀，得有踏实经营农业的决心，更要有投身农业、实现自我价值的理想和抱负。不再是仅仅为了实现生理和安全和社会上的需要，更是要上升到尊重和自我实现的高度。真正与农民结成利益共同体，因为合作社也是要盈利的。

三、确定合作社的名称和住所

（一）确定合作社的名称

农民专业合作社的名称，是指合作社用以相互区别的固定称呼，是合作社人格特定化的标志，是合作社设立、登记并开展经营活动的必要条件。一般来说，农民专业合作社的名称可以由地域、字号、产品、"专业合作社"字样依次组成。

农民专业合作社依法享有名称权，并以自己的名义从事生产经营活动，其名称受到相关法律保护，任何单位和个人不得侵犯。农民专业合作社只准使用一个名称，在登记机关辖区内不得与登记注册的同行业农民专业合作社名称相同。

（二）确定合作社的住所

住所即指法律上确认的合作社的主要经营场所，它是注册登记的事项之一。如果在经营过程中住所发生变更，必须再次办理变更登记。经工商部门登记的住所只有一个，住所的选址可以是专门的办公场所，也可以是某个成员的家庭住址，但必须是所在登记机关辖区范围内。

四、发动农民入社

合作社的主体是广大的农民，发动他们入社，扩大社员数量，是发展合作社的重要工作。为了更好地发动农民加入合作社，一方面，发起人要通过认真学习《农民专业合作社法》，正确认识农民专业合作社的性质和特点，向农民宣传加入合作社的好处与意义所在；另一方面，还要努力宣传介绍成为合作社成员的条件、权利与义务。通过这些宣传与说明工作，使农民对合作社有一个正确的认识和准备，并通过自己的判断，自主作出是否加入合作社的决定。

五、制定农民专业合作社章程

（一）制定合作社章程的意义

农民专业合作社章程是在遵循国家法律法规、政策规定的条件下，由全体成员制定的，并由全体成员共同遵守的行为准则。农民专业合作社章程的制定是设立农民专业合作社的必备条件和必经程序，也是其自治特征的重要体现，在合作社的运行中具有极其重要的作用。首先，章程规定了某个合作社的具体制度，这些制定不仅涉及每个成员的权利与义务，更是决定了一个合作社是否能够生存与实现发展这一重大问题。其次，章程有公示作用，有利于债权人、社会公众、政府等利益相关方对合作社的了解，有利于农民专业合作社接受外界的监督和服务。此外，制定章程和按照章程兴办合作社是合作社享受国家有关优惠政策的一项重要依据。因此，制定好章程，并按照章程办事，是办好一个合作社的关键。

（二）合作社章程的主要内容

按照《农民专业合作社法》的规定，农民专业合作社章程至少应当注明下列事项。

①名称和住所；

②业务范围；

③成员资格及入社、退社、除名；

④成员的权利和义务；

⑤组织机构及其产生办法、职权、任期、议事规则；

⑥成员的出资方式、出资额；

⑦财务管理和盈余分配、亏损处理；

⑧章程修改程序；

⑨解散事由和清算办法；

⑩公告事项和发布方式；

⑪需要规定的其他事项。

以上内容具体可以参照 2007 年 7 月 1 日起施行《农民专业合作社示范章程》。

（三）制定章程的注意事项

在制定章程的时候，不仅要参照《农民专业合作社示范章程》，还要从本社的实际出发，对以下几个方面加以注意。

1. 以遵守法律法规为原则

章程的内容必须要符合相关的法律法规，如果与之矛盾则章程无效，而且还会给合作社的发展、成员的利益带来负面影响。

2. 充分发扬民主

章程的制定必须发扬民主，由全体成员共同讨论形成。章程应当是全体设立人真实意思的表示。在制定过程中，每个设立人必须充分发表自己的意见，每条每款必须取得一致。只有充分发扬民主制定出来的章程，才能对每个成员起到约束作用，才能很好地得到遵循，也才能调动各方面参与合作社的管理与发展的积极性。

3. 内容力求完善

合作社章程在制定过程中，要对相应的事项尽量规定详细，这样才可以在以后出现问题时有章可循，防止一个人说了算的现象发生。强调合作社章程的完善，并不是要求事无巨细地作出规定，而是就重大事项进行原则性规定。同时，章程的完善也有一个过程，可以在发展中逐步完善。

4. 按法定程序制定和修改章程

为保障章程的稳定性和严肃性，《农民专业合作社》规定，章程要由全体设立人一致通过。为保障全体设立人在对章程认可上的真实性，还应当采用书面形式，由每个设立人在章程上签名、盖章。章程在合作社的存续期内不是一成不变的，是可以逐步完善的，但是，修改章程是要经由成员大会做出修改章程的决议。

（四）合作社章程的贯彻与执行

章程作为农民专业合作社依法制定的重要的规范性文件，作为农民专业合作社的组织和行为基本准则的规定，对理事长、理事会成员、执行监事或者监事会成员等合作社的所有成员都具有约束力，必须严格遵守执行。

合作社的章程一般是原则性规定。在合作社的兴办过程中，还可以根据发展的实际需要，制定若干个专项管理制度，对某个方面的事项做出具体规定，进而把章程的规定进一步细化和落到实处。一般而言，合作社可以制定成员大会、成员代表大会、理事会、监事会的议事规则，管理人员、工作人员岗位责任制度，劳动人事制度，产品购销制度，产品质量安全制度，集体资产管理和使用制度。这些制度的制定，有的需要由理事会研究决定，有的还需要成员大会研究通过，并向成员公示，以便成员监督执行。

需要指出的是，章程作为农民专业合作社的内部规章，其效力仅限于本社和相关当事人。章程是法律以外的行为规范，由农民专业合作社自己来执行，无须国家强制力保证实施，当出现违反章程的行为时，只要该行为不违反法律，就由农民专业合作社自行解决。

六、召开农民专业合作社设立大会

（一）什么是设立大会

《农民专业合作社法》第十一条规定，设立农民专业合作社应当召开由全体设立人参加的设立大会。设立时自愿成为该社成员的人为设立人。

由此可见，设立大会是《农民专业合作社法》对于设立农民专业合作社程序上的规定。即要求召开由全体设立人参加的设立大会，农民专业合作社才可能成立。

农民专业合作社成员大会由全体成员组成，是本社的权力机构，每年至少召开一次。《农民专业合作社法》在第二十二、第二十三、第二十四、第二十五条分别就成员大会的职权、召开、表决、临时成员大会以及成员代表大会作出了相关规定。

（二）设立大会的职权

设立大会作为设立农民专业合作社的重要会议，《农民专业合作社法》第十一条规定了其法定职权，包括以下几项：第一，设立大会应当通过本社章程，章程应当由全体设立人一致通过。第二，选举法人机关。如选举理事长。第三，审议其他重大事项。由于每个农民专业合作社的情况都有所不同，需要在设立大会上讨论通过的事项也有所差异，所以，本法为设立大会的职权做了弹性规定，以符合实际工作的需要。

（三）设立大会与成员大会的区别

设立大会和成员大会发生的阶段不同，设立大会发生于农民专业合作社成立之前，成员大会则存在于农民专业合作社存在发展的整个过程中。没有依法有效的设立大会就不会有农民专业合作社的成立，也就不会有成员大会。设立大会是农民专业合作社尚未成立时设立人的议事机构，而成员大会则是农民专业合作社存续期间合作社的权力机构，在合作社内部具有最高的决策权。

（四）填写设立大会纪要

（1）农民专业合作社设立登记应当提交设立大会纪要。

（2）农民专业合作社召开设立大会，应由全体设立人参加。

（3）设立大会纪要由全体设立人签名、盖章。设立人为自然人的，由其签名；设立人为企业、事业单位或者社会团体成员的，由单位盖公章。

【参考范本】

_____专业合作社设立大会纪要

根据《中华人民共和国农民专业合作社法》和有关法律、法规、政策，由_____等_____成员发起设立农民专业合作社。本社于_____年____月____日召开设立大会，所作出决议经全体发起人表决一致通过。决议事项如下：

1. 同意设立_____专业合作社。

2. 同意通过本专业合作社章程（由全体设立人签名或盖章）。

3. 同意本专业合作社住为：_____。

4. 同意本合作社业务范围为：_____。

5. 同意本合作社成员出资总额为：_____元（成员具体出资情况见出资清单）。

6. 同意选举_____为理事长（法定代表人）；选举_____为副理事长；选举_____、_____为理事；选举_____、_____、_____为监事。

7. 同意_____等_____人成为本合作社的成员（具体名单见成员名册）。

8.……

【注：逐项列明决议事项，删除不涉及的事项】

9. 同意指定（委托）_____为全体成员指定代表（共同委托代理人）到工商部门办理合作社设立登记手续。

全体设立人：（签名或盖章）

年   月   日

七、办理农民专业合作社登记手续

（一）办理登记手续的步骤

1. 审查受理

（1）审查。登记人员对申请人提供的设立登记申请材料，从种类和内容上进行合法性审查，根据审查情况作出是否受理的决定。

一是审查申请人提交的材料是否齐全。《农民专业合作社登记管理条例》规定提交的八种设立申请材料不得缺少。

二是审查材料内容是否符合法定要求。对申请人提交的八种申请材料进行内容审查，看各种表格填写是否规范、完整、签名是否齐全一致，成员资格证明是否清楚明了，复印材料是否签字确认与原件一致，重点要审查农民专业合作社章程应当载明的11项内容的完整性、各文件材料之间相同事项的内容表述是否一致及申请材料内容是否与法律法规相抵触。缺项（除了法定的章程第十一项内容外）、相同事项表述不一致或申请材料内容与法律法规相抵触的，应当要求修改、改正。

（2）受理。经过审查，对于符合法定条件的登记申请，审查人员应填写《农民专业合作社设立登记审核表》，签署具体受理意见，制作《受理通知书》送达申请人；当场登记发照的，可以不制作《受理通知书》，但应该在《农民专业合作社设立登记审核表》的"准予设立登记通知书文号"栏填写"当场登记发照"。对于不符合法定条件且不能当场更正的登记申请，审查人员应当制作说明理由及应补交补办具体事项要求的《不予受理通知书》，与申请材料一并退交申请人。

2. 核准发照

（1）核准。核准人员对于申请人提交的材料和受理人员的意见复查后，作出是否准予登记的决定，签署具体核准意见。

①经复查：申请人提交的登记申请满足材料齐全、符合法定要求的，应予当场核准登记，发给营业执照。

②经复查：申请人提交的登记申请材料不符合要求的，能当场更正的，允许当场更正，更正后符合法定条件要求的，应当场登记发照。

③经复查：申请人提交的登记申请材料不符合法定条例要求，又不能在《执行许可法》规定的"自受理行政许可申请之日起20日内"，通过补正登记材料满足登记条件的，应当作出不予登记的决定，制作说明理由的《不予登记通知书》，与申请材料一并退交申请人。

（2）发照。经核准同意登记的，登记工作人员应根据核准意见制作营业执照，发给申请人。并在规定的时间内，将登记资料归档，建立经济户口。

（二）办理登记手续的注意事项

（1）加入农民专业合作社的成员是具有民事行为能力的公民以及从事与农民专业合作社业务直接有关的生产经营活动的企业、事业单位或者社会团体，能够利用农民专业合作社提供的服务，承认并遵守农民专业合作社章程，履行章程规定的入社手续的，可以成为农民专业合作社的成员，且成员数最低不少于5名，其中农民至少应当占成员总数的80%。但是，具有管理公共事务职能的单位不得加入农民专业合作社。

（2）农民专业合作社经工商部门注册成立，自成立之日起20个工作日内，须到县农业局农村经济经营管理站备案，并在"中国农民专业合作社网"上填制《农民专业合作经济组织统计报表》，完善登记备案材料。

第二节 农民专业合作社的组织机构和职能

农民专业合作社的组织机构是指农民专业合作社的领导和管理组织，主要包括成员（或成员代表）大会、理事会、监事会，简称为"三会制度"。

一、成员大会

成员大会是农民专业合作社最高权力机构，也是各成员行使民主管理的基本形式。由全体成员组成，一届3年或5年，每年至少召开一次成员大会。合作社成员超过150人的，可以按照章程规定设立成员代表大会。合作社成员中，农民成员至少应当占专业合作社成员总数的80%，成员总数超过20人的，企业、事业单位和社会团体成员不得超过成员总数的5%。成员大会选举和表决，实行一人一票制，成员各享有一票的基本表决权。对于出资较多、贡献较大的成员，可享有附加表决权，但附加表决权总票数，不得超过成员基本表决权总票数的20%。成员（成员代表）大会主要决定专业合作社的重大事项，如审议、修改本社章程和各项规章制度，选举和罢免理事长、理事、执行监事或者监事会成员，决定成员入社、退社、出资标准及增加或减少出资，审议批准本社的发展规划、年度业务报告、经营计划、财务预算和决算方案、盈余分配方案和亏损处理方案、决定重大财产处置、对外投资、担保以及合并、分立、解散和清算等。

二、理事会

理事会是农民专业合作社的执行机构，由成员大会选举产生的理事组成，研究决定职权内的事项，主持日常工作。理事一般在5人以上，每届任期在3年或5年，可以连选连任。理事会对成员大会负责，执行成员大会决议，其行使的职责主要是组织召开成员大会，制定发展规划、年度业务经营计划、内部管理规章制度，制定年度财务预算、盈余分配和亏损弥补等方案并提交成员大会审议，开展各项业务活动、成员培训、管理合作社的资产和财务，决定聘任或者解聘经理、财务会计人员和其他专业技术人员等。专业合作社设理事长1名，副理事长3~5名，理事长为合作社法人代表，主要职权是主持成员大会，召集并主持理事会会议，签署成员出资证明、聘任或者解聘合作社经理、财务会计人员和其他专业技术人员的频数，代表合作社签订合同等。

三、监事会

监事会是专业合作社的监督机构，由成员大会选举产生的监事组成，代表全体成员监督检查理事会和工作人员的工作。专业合作社设监事长1名，副监事长1~3名，每届任期3年或5年，可以连选连任。监事长列席理事会会议。专业合作社规模较小或刚成立时，可以暂不成立监事会，设立执行监事1名。监事会（或执行监事）行使的职权主要是：监督理事会对成员大会决议和章程的执行情况，检查生产经营业务情况，负责财务审核监察工作，向理事长或理事会提出工作质询和改进工作意见和建议，提议召开临时成员大会，代表合作社负责记录理事与专业合作社发生业务交易时的交易量（额）等。

四、经理

农民专业合作社实行理事会领导下的经理负责制。经理由理事会决议聘任或罢免，经理不得私自从事于合作社有利益相冲突的经营活动。经理对理事会（或理事长）负责，其职权是组织实施理事会决议，主持合作社的生产经营工作，拟定经营管理制度，提请聘任或者解聘财务会计人员和其他经营管理人员等。专业合作社理事长或理事可以兼任经理。

五、财务会计人员

财务会计人员是专业合作社的理财专家，其业务能力要强，水平要高，应持有相应的资格证书，即持证上岗。专业合作社的财务会计制度，是由财政部门专门制定的，既不同于一般企业，也不同于村集体经济组织，具有特殊性。财务会计人员，由理事长或理事会按照成员大会的决定聘任。

第三节　农民专业合作社的合并与分立

一、农民专业合作社的合并

1. 农民专业合作社合并的定义

农民专业合作社合并，是指两个或者两个以上的农民专业合作社通过订立合并协议，合并为一个农民专业合作社的法律行为。

2. 合并的程序

第一步，作出合并决议。依据《农民专业合作社法》的规定，合作社合并决议由合作社成员大会作出。农民专业合作社召开关于合作社合并的成员大会，出席人数应当达到成员总数 2/3 以上。成员大会形成合并的决议，应当由本社 2/3 以上成员表决同意才能通过。成员大会或者成员代表大会还要授权合作社的法定代表人签订合并协议。

第二步，通知债权人。合作社应当自做出合并决议之日起 10 日内通知债权人。

第三步，签订合并协议。合作社合并协议是两个或者两个以上的合作社，就有关合并的事项达成一致意见的书面表示形式，各方合作社签名、盖章后，就产生法律效力。

第四步，合并登记。因合并而存续的合作社，保留法人资格，但应当办理变更登记；因合并而被吸收的合作社，应当办理注销登记，法人资格随之消灭；因合并而新设立的合作社，应当办理设立登记，取得法人资格。

3. 合并后债权债务的处理

农民专业合作社进行生产经营，不可避免地会对外产生债权债务。合作社合并后，至少有一个合作社丧失法人资格，而且存续或者新设的合作社也与以前的合作社不同，对于合作社合并前的债权债务，必须要有人承继。因此，合作社合并的法律后果之一就是债权、债务的承继，即合并后存续的合作社或者新设立的合作社，必须无条件地接受因合并而消灭的合作社的对外债权与债务。《农民专业合作社法》第三十九条规定，农民专业合作社合并，应当自合并决议作出之日起 10 日内通知债权人。合并各方的债权、债务应当由合并后存续或者新设的组织承继。

二、农民专业合作社的分立

1. 农民专业合作社分立的定义

农民专业合作社的分立是指一个农民专业合作社分成两个或者两个以上的农民专业合作社的法律行为。

2. 农民专业合作社分立的程序

农民专业合作社分立的程序与合并的程序基本相同，包括：由成员大会依据《农民专业合作社法》的规定作出分立决议、通知债权人、签订分立协议、进行财产分割、办理合作社分立登记等。

3. 分立后债权债务的处理

《农民专业合作社法》第四十条规定，农民专业合作社分立，其财产作相应的分割，并应当自分立决议作出之日起 10 日内通知债权人。分立前的债务由分立后的组织承担连带责任。但是，在分立前与债权人就债务清偿达成的书面协议另有约定的除外。

农民专业合作社的分立一般会影响债权人的利益，根据《农民专业合作社法》规定，合作社分立前债务的承担有以下两种方式：一是按约定办理。债权人与分立的合作社就债权清偿问题达成书面协议的，按照协议办理。二是承担连带责任。合作社分立前未与债权人就清偿债务问题达成书面协议的，分立后的合作社承担连带责任。债权人可以向分立后的任何一方请求自己的债权，要求履行债务。被请求的一方不得以各种非法定的理由拒绝履行偿还义务。否则，债权人有权依照法定程序向人民法院起诉。

案 例

整合合作社 卖果不再乱

在西昌市月华乡新华村公路边一个废弃工厂里，堆满着刚从树上采摘下来的新鲜油桃，几十名手脚熟练的工人将其分拣、装箱、装车，不时有农户拉着油桃来卖，收购商照单全收。一会儿时间，一个载重4万吨的货车车厢就被装满了一半。

当天，是西昌市月华乡油桃开摘上市第10天，走在乡里，油桃种植户们全都乐呵呵——今年油桃收购价创下历史新高，质优的最高价达到9.6元/千克，大部分油桃价格也达到8元/千克。"这是乡上种油桃10多年来，价格最高的一次，比往年偏高了几毛到一块钱。"月华乡党委书记说。"完全不够卖！"谈起月华乡油桃销售，月华乡油桃联合社理事长强调，刚上市时，全乡每天只有5万千克的产量，却来了20多个收购商，每人"胃口"都是好几万斤。"老板们都不敢走，守着买，不然就没有。"

据介绍，2006年月华乡开始大规模种植油桃，现在全村种植规模面积达到 6 000 余亩（15 亩 = 1 公顷。全书同），其中，4 000 余亩已挂果，2014 年产量达到 250 万千克左右。全乡油桃约有 90% 销往外地，远销到成都、重庆、广西、贵州等地。今年，一位广西果商主动上门收购油桃，准备销往泰国、越南等国家。全乡油桃产值可以达到 8 000 万元左右。

月华乡油桃合作社曾一分为三互相博弈，而 2014 年，三家合作社却再次整合为一家，成立月华乡油桃联合社，乡里所有合作社合并，统一定点销售，避免了合作社和果农之间因相互竞争而故意压低价格，同时，联合销售吸引了更多外地收购商，价格自然也就更高了。

第四章 农民专业合作社的业务管理

第一节 建立生产基地

一、农产品生产基地建立要求

（1）强调生产的专业化和种植的区域化，使基地尽可能成方连片，形成规模。

（2）在基地管理上，强调生产技术规程的组织实施，实行标准化生产，推行农资供应、病虫害防治等统一服务。

（3）在运作模式上采取基地建设与日常管理相统一的运行机制，如"公司＋农户"、"公司＋合作社＋农户"或"合作社＋农户"等运作模式，实现基地的生产、经营、管理的一体化发展。

二、我国农产品生产基地的类型

1. 龙头企业与市场带动型

通过培育和发展农产品加工龙头企业，扶持中介组织和购销大户，加强市场体系建设，打开农产品销售渠道，促进生产与企业、市场的有机衔接，推动农产品基地建设。

2. 工商企业投资型

工商业主反哺农业、投资农业，凭借其先进的管理理念，通过租赁等土地使用权的流转，直接投资兴办各类特色农产品基地。

3. 传统产业提升型

传统产业提升型主要是依托传统优势产业，适应市场需求的变化，调整产品结构，通过技术更新，实施良种化工程，加强品牌建设，实现传统产品的提质增效，带动名优产品的规模化基地生产。

4. 科技人员领办型

科技人员利用技术优势，创办或通过技术入股等形式创建基地。

5. 农民专业合作社创建型

目前，许多农民专业合作社都根据自己的经营项目建立了生产基地。

三、建立生产基地的注意事项

1. 以市场需求为导向

要根据市场的现实需求和潜在需求来选择生产项目，发展优质、安全、生态、方便、营养的农产品，以开拓农村、城镇和国际市场为目标，不断适应和满足市场需求。

2. 发挥地方比较优势

要根据比较优势的原则，按照"一村一品、一乡一业"的发展思路制定区域规划，因地制宜，发挥本地的资源、经济、市场和技术优势，依托优势农产品的专业化生产区域，推进优势、特色农产品加工业发展，逐步形成农产品生产和加工产业带，实现农产品加工与原料基地的有机结合。

3. 实行适度规模经营

有规模才有批量，有批量才有市场竞争力。要通过核心示范区建设，在尊重农民生产经营自主权的前提下，引导千家万户向优势产区集中，实现小生产大规模。建设优质农产品基地，要与发展农产品加工业的规模和市场需求相适应，既要有龙头骨干企业，又要有有市场、有特色、有潜力的农民专业合作社等农民经济组织来带动。

4. 积极引进新品种，采用先进适用技术

要依靠新科技，解决产品科技含量低、单产水平低、品质质量低、综合效益差等问题。积极引种、试种（养）和推广国内外的高效农业产品，促进农产品品种的改良和更新换代。保护和发展具有民族特色的传统技术，选用先进适用的技术和绿色、无公害生产技术装备，鼓励积极引进和开发高新技术。

5. 实施标准化生产，保证产品质量安全

推行标准化生产和产品质量认证，组织实施生产技术规程，实行标准化生产，做到统一培训、统一种植、统一管理、统一施药、统一施肥、统一采收。规范农药和肥料等投入品的购置、施用。建立和完善农产品的检验、检测和安全监控体系。积极申报农产品质量认证以及出口企业的各种国际认证。培育具有地方特色的名牌农产品，提高基地产品的市场知名度和市场竞争力。

6. 发展和保护相结合

生产基地建设，要坚持高标准、严要求，积极采取保护生态环境的措施，发展可持续农业。

第二节 标准化生产

一、标准化生产的相关概念

农业标准化就是以农业为对象的标准化活动，即运用"统一、简化、协调、选优"的原则，通过制定和实施标准，把农业产前、产中和产后各个环节纳入标准生产和标准管理的轨道。农业标准化的过程，就是运用现代科技成果改造传统农业的过程，是以现代工业理念谋划和建设现代农业的过程。

二、标准化生产的意义

2007 年的中共中央"1 号文件"提出，要加快完善农产品质量安全标准体系，在重点地区、品种、环节和企业，加快推行标准化生产和管理。这对于推动传统农业变革，加快现代农业发展，扎实推进社会主义新农村建设，具有十分重要的战略意义。

（1）农业标准化是农业现代化建设的一项重要内容，是"科技兴农"的载体和基础。

农业标准化通过把先进的科学技术和成熟的经验组装成农业标准，推广应用到农业生产和经营活动中，把科技成果转化为现实的生产力，从而取得经济、社会和生态的最佳效益，达到高产、优质、高效的目的。它融先进的技术、经济、管理于一体，使农业发展科学化、系统化，是实现新阶段农业和农村经济结构战略性调整的一项十分重要的基础性工作。

（2）农业标准化是一项系统工程，这项工程的基础是农业标准体系、农业质量监测体系和农产品评价认证体系建设。

农业标准体系是指围绕农、林、牧和蔬菜、水产业等制定的以国际、国家标准为基础，行业标准、地方标准和企业标准相配套的产前、产中、产后全过程系列标准。以农产品质量标准为核心，以农业先进实用技术标准、现代设施农业标准、检测方法标准和管理标准相配套，形成的农业标准信息网络。

农业质量监测体系是指为完成农产品质量各个方面、各个环节的监督检验所需要的政策、法规、管理、机构、人员、技术、设施等要素的综合。它不但是农产品质量的基础保障体系，也是依据国家法律法规对产地环境、农业投入品和农产品质量进行依法监督的执法体系。除必要的政策法规和管理制度外，农业质量监督检验测试机构是这个体系的主体。农业质量监测体系建设是农业标准化建设的重要组成部分。它既是农业标准化工作顺利开展的基础保障体系，也是监督标准化进程、检验标准化成果的重要的信息反馈体系。

农业质量监测的对象是农业投入品质量和农产品质量。农业投入品包括农药（兽药、渔药）、化肥、饲料、添加剂、种子（种苗、鱼苗、仔畜）、农业机械等农用生产资料。质量监测的内容包括 3 个方面：一是假冒产品；二是质量不合格产品；三是毒性大、残留量高等不宜在农业生产中使用的产品。农产品包括农业、水产业、畜牧业、林果业的产品、副产品及其初加工品，质量监测的内容主要有两个方面：一是假冒品牌的产品；二是农药（兽药、渔药）残留、重金属、亚硝酸盐、瘦肉精等对人体有毒有害物质超标的农产品。当前，大宗农产品品牌化程度还比较低，农产品质量监测的重点主要是农产品的安全卫生水平。

三大体系中，标准体系是基础，只有建立健全涵盖农业生产的产前、产中、产后等各个环节的标准体系，农业生产经营才有章可循、有标可依；质量监测体系是保障，它为有效监督农业投入品和农产品质量提供科学的依据；产品评价认证体系则是评价农产品状况、监督农业标准化进程、促进品牌、名牌战略实施的重要基础体系。三大基础体系是密不可分的有机整体，互为作用，缺一不可。

三、农业标准化工程的核心工作

农业标准化工程的核心工作是标准的实施与推广，是标准化基地的建设与蔓延，由点及面，逐步推进，最终实现生产的基地化和基地的标准化。同时，这项工程的实施，还必须有完善的农业质量监督管理体系、健全的社会化服务体系以及较高的产业化组织程度和高效的市场运作机制作保障。

第三节　农产品加工

一、农产品加工业的相关概念

1. 农产品加工业的定义

农产品加工业是以人工生产的农业物料和野生动植物资源为原料的总和进行工业生产活动。

广义的农产品加工业，是指以人工生产的农业物料和野生动植物资源及其加工品为原料所进行的工业生产活动。

狭义的农产品加工业，是指以农、林、牧、渔产品及其加工品为原料所进行的工业生产活动。

2. 农产品加工行业

我国在统计上与农产品加工业有关的有 12 个行业，即食品加工业、食品制造业、饮料制造业、烟草加工业、纺织业、服装及其他纤维制品制造业、皮革毛皮羽绒及其制品业、木材加工及竹藤棕草制品业、家具制造业、造纸及纸制品业、印刷业和橡胶制品业。

3. 农产品加工的分类

农产品加工可以分为初加工与深加工。

（1）农产品的初加工。农产品的初加工是指对农产品的一次性的不涉及对农产品内在成分改变的加工。初加工只改变原料表面状况或尺寸、形状，或清洁度、含杂状况，或进行质量分级。如粮食清选、干燥等。初级加工特点是：投资少（少者数千元即可），技术较易掌握，基本可保持原料中的各种营养成分，产生的废料少，产品的附加值也相对较小。农产品的初加工较为适合那些资金实力较弱、对技术了解、掌握不多、初次踏入产品加工领域的农民专业合作社。

（2）农产品的深加工。农产品的深加工是指对农产品二次以上的加工，主要是对蛋白质资源、植物纤维资源、油脂资源、新营养资源及活性成分，以物理、化学或生物的办法来提取和利用。如果汁饮料加工、酒类加工等。深加工特点是：投资较大、规模较大、技术含量往往较高，产品的附加值较高，社会效益也相对较高，同时，还可以在一定的地域内带动某一农产品实现产业化发展。在农民专业合作社具备了一定的资金、技术和市场营销门路等基本条件以后，可以考虑将产业链条延伸，开展产品的二次加工，向深加工发展。对于初起阶段的农民专业合作社来说，可以首先考虑初级加工项目，如大蒜、大葱干燥，土豆片加工，超微粉碎等。在各方面条件较好时，可以考虑精深加工。

二、选择农产品加工项目

农民专业合作社在选择加工项目时，需要综合资金、原料、市场、技术等多方面因素，常用的有以下 3 类。

1. 根据市场机会选择项目

市场机会是由供求变化决定的，当某种产品供不应求时，价格就上涨，利润就增大；反之，不仅没有利润，成本也会不同程度地赔进去。例如，河南农家女刘某种植的"跳舞草"，因其少，远不能满足好奇者的需求，所以，产品价格昂贵，连初期追随她种"跳舞草"的人也能一举致富。但如果全国大多数人都去种"跳舞草"，它就会很快经过成长期、成熟期进入衰退期，"跳舞草"就会铺天盖地涌向市场，市场价格就会下降，最后追随者们肯定不能获利，而且还会血本无归。

2. 根据实际情况选择项目

每个合作社都可以应根据各自不同的情况选择加工项目。①有的人资金、技术等各种条件都具备，便可以结合市场未来一定时期的供求预测，合理安排，选择利润最高的加工项目。②有的人只具备其中一部分主观条件和客观条件，还应想办法创造所不具备的条件，再结合未来市场的供求情况，选择加工项目。③有的人主、客观条件具备程度不同，有的较充分，有的不太充分，这时，应想办法加强不太充分的条件，使之与开展加工的要求相适应。

3. 判断加工项目的优劣

面对丰富繁杂的致富项目、方法和信息，要结合实际情况和事物的变化来判断项目的真假优劣，以便正确地选择。①有的加工项目、方法、信息已过时，这时要结合别人的情况和市场的变化，做出正确的判断，不能盲从。②有的加工项目只能在特定的地理、气候、资源条件下才能成功；还有的项目要求个人具备某种特殊素质。对于不具备这种条件的人来说，就不是好项目。③有的加工项目虽然处在初期，其产品也有市场需求，但却未必能成功。例如，穴播机之类的小农具，买一台需要花几十元，农民每年只能用上一两天，大部分时间闲置，不少农民认为买它不值得，该农具就难销售，像这种项目就不是好项目。④某些加工项目，对少数人来说是优等项目，但人人都搞这个项目，产品供过于求，它就变成了劣势项目。

案 例

潢川县农业致富带头人汤守山与他的专业合作社

河南省潢川县农富种植专业合作社是一家集粮食生产、仓储加工销售一条龙的大型专业合作社，也是当前潢川县乃至信阳市最具发展潜力的农民专业合作社之一。现有仓库、生产车间68间，建筑面积6 200平方米，可存储稻谷1 000多千克，有日产100吨大米加工生产线以及色选机流水线各一套。固定资产达3 600万元，从业人员142人，其中，管理和专业技术人员20余人。目前流转托管土地5 000亩，水产养殖200多亩，新品种试种面积 200 亩。

农富专业合作社自成立以来，理事长汤守山凭借自己多年的农业生产经验和过硬的农业科技知识，采用"市场＋合作社＋基地"的农业产业化新模式，种植新品种优质杂交稻 5 000 亩，产量高达 600 千克。种植优质小麦 4 000 亩，产量可达 450 千克。年产粮食达 500 万千克，年加工销售大米 2 万多吨，带动周边农户 1 000 多户。经过合作社全体成员的不懈努力，各项工作走上了规范化，制度化的道路，经济效益日益提高。目前，该合作社已拥有大型拖拉机、旋耕机、播种机、插秧机、收割机、开沟机等 60 余台，建有标准化育秧工厂 7 000 多平方米，已经全部实现机械化操作。2014 年又投资 20 多万元，引进植保无人机一架。硬化渠路 10 千米，兴修农田水利 4 千米，深挖万方大塘 4 口，打深机井 6 眼。新建潢川县新型职业农民培育示范园区一个，示范园区水稻平均亩产在 650 千克以上，高于当地平均水平近 10 个百分点。2013 年被国务院授予"全国种粮大户"荣誉称号，生产的产品已通过 ISO 9001—2000 质量管理体系认证。

为了快速做大做强农富专业合作社，合作社紧紧围绕上项目、建基地、扩产能、提效益，全面转变发展方式，计划投资兴建二期项目，建成全程机械化、绿色、高效的农村综合试验区，进一步扩大经营规模，坚持走规模化、高效化、生态化现代农业发展之路。在生产能力上，加快粮食生产基地建设步伐，着力扩大再生产；在质量意识上，加大品牌创建力度，积极实施"富兴山"牌大米的绿色食品认证；在发展方式上，推动多元种植，逐步提高珍珠糯种植面积。以余店、双围孜、汤撞、张围孜等 4 个行政村为农场绿色食品水稻种植基地，提升产业链条，增加产品附加值，可新增 130 多人就业，带动 800 多农户持续增收。

第四节 质量认证

一、质量认证的相关概念

认证是指由认证机构证明产品、服务、管理体系符合相关技术规范、相关技术规范的强制性要求或者标准的合格评定活动。

农产品认证是随着农产品生产、消费水平的提高和市场需求的变化而产生和发展的。2003 年，我国成立了农业部农产品质量安全中心。该中心下设的种植业产品、畜牧业产品和渔业产品的 3 个分中心为法定的农产品质量安全认证机构，负责全国各类无公害农产品的认证工作。

二、质量认证类型

目前，我国农产品认证主要以无公害农产品认证、绿色食品认证和有机产品认证为主，此外还有 ISO22000 认证、GAP 认证和饲料产品认证、绿色市场认证等形式。

1. 无公害农产品

无公害农产品是政府推出的一种安全公共品牌，目的是保障基本安全，满足大众消费。无公害农产品执行的标准是强制性无公害农产品行业标准，产品主要是老百姓日常生活离不开的"菜篮子"和"米袋子"产品，如蔬菜、水果、茶叶、猪牛羊肉、禽类、乳品、禽蛋和大米、小麦、玉米、大豆等大宗初级农产品。因此，无公害农产品认证实质上是为保障食用农产品生产和消费安全而实施的政府质量安全担保制度，属于公益性事业，实行政府推动的发展机制，认证不收费。

无公害农产品认证采取产地认定与产品认证相结合的模式。产地认定主要解决生产环节的质量安全控制问题；产品认证主要解决产品安全和市场准入问题。无公害农产品认证的过程是一个自上而下的农产品质量安全监督管理行为，产地认定是对农业生产过程的检查监督行为，产品认证是对管理成效的确认，包括监督产地环境、投入品使用、生产过程的检查及产品的准入检测等方面。

2. 绿色食品

绿色食品是遵循可持续发展原则，按照特定生产方式生产，经专门机构认证，许可使用绿色食品标志商标的无污染的安全、优质、营养类食品。为突出这类食品出自良好的生态环境，并能给人们带来旺盛的生命活力，因此将其称为绿色食品。

目前，绿色食品标准分为两个技术等级，即 AA 级绿色食品标准和 A 级绿色食品标准。

AA 级绿色食品标准要求是：生产地的环境质量符合《绿色食品产地环境质量标准》，生产过程中不使用化学合成的农药、肥料、食品添加剂、饲料添加剂、兽药及有害于环境和人体健康的生产资料，而是通过使用有机肥、种植绿肥、作物轮作、生物或物理方法等技术，培肥土壤、控制病虫草害、保护或提高产品品质，从而保证产品质量符合绿色食品产品标准要求。

A 级绿色食品标准要求是：生产地的环境质量符合《绿色食品产地环境质量标准》，生产过程中严格按绿色食品生产资料使用准则和生产操作规程要求，限量使用限定的化学合成生产资料，并积极采用生物学技术和物理方法，保证产品质量符合绿色食品产品标准要求。

3. 有机食品

有机食品指来自有机农业生产体系，根据国际有机农业生产要求和相应的标准生产、加工和销售，并通过独立合法的有机认证机构认证的供人类食用的有机产品。包括粮食、蔬菜、水果、奶制品、禽畜产品、蜂蜜、水产品、调料等。

有机食品与其他食品的显著差别在于，有机食品的生产和加工过程中严格禁止使用农药、化肥、激素等人工合成物质，而一般食品的生产加工则允许有限制地使用这些物质。同时，有机食品还有其基本的质量要求：原料产地无任何污染，生产过程中不使用任何化学合成的农药、肥料、除草剂和生长素等，加工过程中不使用任何化学合成的食品防腐剂、添加剂、人工色素和用有机溶剂提取等，贮藏、运输过程中不能受有害化学物质污染，必须符合国家食品卫生法的要求和食品行业质量标准。

第五节　农产品营销

一、农产品营销的相关概念

农产品营销是农产品生产者与经营者个人与群体，在农产品从农户到消费者流程中，实现个人和社会需求目标的各种产品创造和产品交易的一系列活动。

农产品营销的主体是农产品生产和经营的个人和群体。农产品营销活动贯穿于农产品生产和流通、交易的全过程。农产品营销方式有现货交易和期货交易两种。农产品营销概念体现了一定的社会价值或社会属性，其最终目标是满足社会和人们的需求和欲望。有效的农产品营销能满足消费需求、促进农民增收、指导结构调整、扩大就业。

二、农产品营销的策略

合作社在开展农产品营销中可考虑以下 6 种策略。

1. 开发策略

农产品和任何事物一样，有出生、成长、成熟以至衰亡的生命周期。因此，企业不能只顾经营现有的产品，而必须防患于未然，采取适当步骤和措施开发新产品。这是企业提高竞争力的重要因素，也是企业市场营销活动的主要任务。

农产品开发过程一般包括农产品构想的形成、农产品构想的筛选、概念产品的形成与检验、经营分析、制出样品、市场试销、正式生产投放市场。农产品开发成功以后，还需上市成功，这意味着农产品被消费者采用并不断扩散。

农产品开发是从营销观念出发所采取的行动，因此首先必须是适应社会经济发展需要，试销对路的产品。没有市场的产品，再新也没有意义。消费者因人而异的农产品需求，使一个产品多种式样，成了新的消费动向。如乌鸡、黑小麦等农产品，虽分别属于鸡、麦类，但因其颜色特别，药用价值较高，市场销路好，经济效益高。因此，农产品要有自己的特色，能够适应和满足消费者需求的新变化。

2. 加工策略

农产品加工是延伸农业产业链条和实现产品增值的必要过程，是每一个经济体不可缺少的环节。

3. 价格策略

农产品价格的制定主要可分为两大类：一类是国家定价。农产品生产经营者对所出售的农产品价格没有决策权，如我国曾长期实行过的粮棉油国家统购统销价。另一类是市场价。依据农产品质量、市场供求状况等因素决定其价格。在市场经济条件下，为了刺激消费者的消费行为，通常要对基本价格作适当调整，如打折让利等，抓住消费者的心理进行促销。

4. 促销策略

农产品促销是指农产品生产经营者运用各种方式方法传递产品信息，帮助和说服消费者购买本企业的产品，或使消费者对企业产生好感和信任，以激发他们的购买欲望，促进消费的行为。农产品促销有广告推广、人员推销、关系营销、营业推广四种形式。在进行农产品营销时，要灵活运用促销策略，与顾客建立长期关系，培养一批忠诚的顾客群。

5. 营销渠道策略

我国农产品物流的现代化水平、管理水平和组织化程度低，营销渠道效率也较低，与市场经济成熟国家相比存在着较大差距。

蔬菜等农产品在流通过程中由于缺乏有效的保鲜包装措施，容易腐烂变质，损耗严重，这使得蔬菜的采购量和实际销售量之间存在较大缺口。有资料显示，蔬菜从毛菜到净菜一般有10%~20%的损耗，加大了农产品营销成本。物流成本过高，导致农产品价格抬高，势必影响向外地市场的扩散。农产品是否能及时售出，在相当程度上取决于营销渠道是否畅通。营销渠道的畅通和高效，可以有效保证农产品供求关系的基本平衡。因此，农产品营销渠道的选择，不仅要保证产品及时到达目标市场，而且要求销售效率高，销售费用少，能取得最佳的经济效益。

6. 绿色策略

农产品绿色化营销策略是随着食品质量安全的问题而产生的。所谓绿色营销是指以促进可持续发展为目标，为实现经济效益、消费者需求和环境友好的统一，市场主体通过制造和发现市场机遇，采取相应的市场营销方式以满足市场需求的过程。

目前，各国民众日益重视食品安全，环保意识迅速增强，回归大自然、消费绿色食品已经成为人类的共同向往。我国已全面启动"开辟绿色通道，培育绿色市场，倡导绿色消费"的"三绿工程"。因此，要把握机遇，发展和推动农产品绿色营销策略。

案　例

产加销一体化是做强做大的必然选择

(海斌农机合作社)

宗锦耀一行来到海斌农机合作社认真与合作社社员们算账。

这家合作社是江苏省溧阳市别桥镇的退役军人王海斌联合 27 个农机手，在 2006 年注册成立的。近年来，合作社从耕种收向产加销一体化发展。目前，合作社入社成员 114 人，拥有各种农机 269 台套，烘干设备 4 套，精米加工流水线设备 1 套。据王海斌社长介绍，合作社起初发展加工流通，做品牌，是合作社成本上升、利润下降倒逼出来的，但却感到"钱"景向好，意外抱上一个"金娃娃"。

海斌农机合作社通过几年发展，土地流转、订单式作业服务面积达到 1 万余亩，社会化服务面积达到 6 万多亩。在最初的几年，合作社仅代耕、代种、代收的效益就非常不错。然而，近几年，合作社耕种收服务收入减少，2009 年合作社上了稻米加工生产线，又组建"海斌粮食作物专业合作社"，形成产加销一体化格局。该社 2013 年农机社会化服务收入 428 万，利润率 30%，收入 128 万元；利用库房闲置时间烘干和代国家粮库贮存粮食，收入 30 万元；加工销售大米近 1 万吨，销售收入 7 000 多万元，纯利 2%，收入 140 万元以上。王海滨社长介绍说"合作社去年总共 298 万元的利润，加工流通收入占据半壁江山。"合作社注册"溧湖"、"满喔香"两个品牌，其中，"溧湖"牌软米属中高档大米，售价达 30 元/千克。王海斌社长感言："品牌背后是品质，品牌要让市场认可，还是要靠品质。牌子叫得再响，你品质不行，还是没有生命力。"几年来，合作社的无公害大米在江苏苏州、无锡和浙江宁波建立起良好口碑。"要买米，到别桥（合作社所在的别桥镇）"，合作社生产的大米成为当地学校、机关、企业的首选。

海斌农机合作社在农机以及加工销售这块按照出资比例（入社时农机、加工设备投资比例）分别对农机社会化服务收入和加工收入进行分红；对入社的种植大户采取保底价收购，即在国家指导收购价基础上每千克加 0.2 元进行收购。社员所用农资、服务统一由合作社提供，收获后按当时市场价优惠10%结算。对于亩产较高的种植大户进行二次利润分配，按照交粮的数量和质量，对合作社298万元利润的2/3即200万元进行了分配。海斌粮食作物合作社由最初的几户发展到现在的584户。宗锦耀对海斌合作社的创新发展给予高度肯定，指出海斌合作社实行产加销一体化，社员与合作社成为真正的利益共同体、命运共同体，这代表着新型农业产业化、建设现代农业的一个方向。

"点创新、线模仿、面推广"，类似海斌合作社的还有很多。据介绍，溧阳市152家农机合作社有一部分开始向产加销一体化方向发展。从全省来看，江苏省产加销一体化合作社共有8 418个，占全省合作社总数的12.2%，普遍规模较大、收益较好，发展趋势十分看好。据了解，农民合作社发展农产品加工流流通出现3个模式：一是产加销一体型。如溧阳市海斌合作社、海清合作社、果品之王专业合作社。二是农民合作社与龙头企业对接型。如江苏全福农牧实业有限公司，与合作社对接，由合作社组织社员饲养并统一售给公司，社员合理获取公司加工收益。南京桂花鸭（集团）有限公司将鸭子的屠宰等初加工交给地处苏北宿迁、徐州的农民合作社进行。三是龙头企业领办合作社型。如溧阳市白露山生态农业有限公司，除流转土地外，领办合作社1 000多亩土地用于浆果生产，用于公司浆果加工。这些加工流通合作社大都具备有一个经验丰富的带头人、从事高效生态农业、按照产加销一体化经营的、与广大社员休戚与共等特点，日益成为一股新的不可小觑的力量。

脱胎换骨　接二连三　顶天立地　三生有幸

农民合作社发展农产品加工流通是在建设现代农业的背景下出现的趋势。常州的同志形象地把建设现代农业形容为"脱胎换骨，接二连三，顶天立地，三生有幸"，简言之就是脱掉传统农

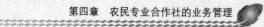

业的胎，换上现代农业的骨；接二产，发展加工业，连三产，发展流通业和休闲农业；头顶高科技，触角伸到市场，脚立"三农"；围绕农业生产、农民生活、农村生态进行创意，发展休闲农业，打造幸福产业。宗锦耀十分赞同这一理念，他指出，要摒弃"就种养抓种养、就生产抓生产"的思维定势，摈弃仅是围绕"田园、圈舍、鱼塘"生产环节做文章的传统做法，要在继续稳定生产的基础上，大力发展产后加工、流通，为现代农业建设寻找新出路，打造新引擎。他指出，对合作社发展加工流通要有充分的认识。我国最大的结构失衡是城乡二元结构，要破解"三农"问题，就要跳出"三农"看"三农"，发展农业，必须发展非农；繁荣农村，必须发展城镇；富裕农民，必须减少农民，这就是辩证法。合作社通过发展加工流通，为农业做强做大提供了强大的动力，为农村留住资源要素和人气提供了有力的支撑，为农民就业增收提供了新的渠道和环节，是"四化同步"、城乡发展一体化和构建新型工农城乡关系的新要求，符合经济规律、基本国情和广大农民意愿。

宗锦耀来到距离海斌合作社不远的溧阳市海清农机合作社，看到他们也新上一条大米加工生产线。溧阳市果品之王专业合作社除果品生产外，100多亩土地用于休闲采摘。来到南京桂花鸭（集团）有限公司，看到该公司实现农田到餐桌的全流程、信息化质量管理，形成桂花、金陵、紫荆山等高、中、低端品牌，受到消费者普遍欢迎，企业获得较好收益，合作社农民每年每家（2人）至少能够收入6万元。走访了著名的宋氏两姐妹80年前创办的、现在已是名牌企业的卫岗乳业公司。走访了常州日日春农业科技有限公司、幸福兰（江苏）现代园艺科技发展有限公司、南京大塘金生态旅游特色村、南京黄龙岘金陵茶文化旅游村等企业和美丽乡村。他指出，品牌是信誉的凝结，是消费者脑子里的记忆点，无论是加工流通合作社、龙头企业还是休闲农业都要重视品牌，用品牌增强消费者的信心。同时，要实施创新驱动战略，高度重视机制、技术和管理创新，建立产权清晰、权责明确、政企分开、管理科学的现代企业制度和归属清晰、权责明确、保护严格、流转顺畅的现代产权制度。要重视文化，休闲农业要注意将文化、生态、创意、美丽乡村建设、现代农业发展等"几篇文章一起做"，加工企业也要重视文化，挖掘品牌背后的文化内涵，提升品牌的档次和品质。

　　上联　农户扎深根中搞加工强树干
　　下联　市场茂枝叶开花结果共分享

　　宗锦耀一行看到无论是合作社，还是加工企业、休闲农业企业，都是与农民建立了合理的利益联结机制，让农民充分享受到产后环节的增值效益，非常高兴。他指出，农民合作社发展加工流通、休闲农业，必须充分考虑与社员的利益联结机制，实现真正的"利益共享、风险共担"，调动广大社员的积极性，形成利益共同体、命运共同体，才能够持续健康发展，否则合作社就失去了其存在意义，也不会长久。合作社距离"三农"最近，一定要把根深深扎在"三农"的土壤里；要通过发展加工流通，做强做大树干；要大胆闯市场，大市场、大老板，小市场、小老板，没市场、要破产，市场营销网络多了，枝叶才能茂盛，花果才能丰硕。

　　宗锦耀指出，农产品加工业是农业产业化的关键环节，是农业现代化的重要标志。农民合作社发展加工流通，实现产加销、贸工农一体化，与农民形成利益共同体、命运共同体，是未来发展的重要方向。虽然在发展过程中存在政策、资金、人才、土地等资源要素不足的制约，但通过合理引导、加强示范、政策扶持等方式，农民合作社发展加工流通必然展现经典而广阔的前景。我们要深入贯彻党的十八大、十八届三中全会和2014年中共中央1号文件精神，认真践行党的群众路线，凝心聚力、攻坚克难、改革创新、真抓实干，调动各方面力量，汇聚为民服务、促进发展的正能量，切实推动农产品加工业包括农产品加工合作社跨越发展，为实现农业强起来、农村美起来、农民富起来作出贡献，为实现中国特色农业现代化贡献力量。

第五章 农民专业合作社的经营管理

第一节 市场调研

一、市场调研的概念

市场调研就是运用科学 方法，有目的、有计划地搜集、整理和分析有关供求双方的各种情报、信息和资料，把握供求现状和发展趋势，为农民专业合作社销售计划的制订和经营决策提供正确依据的信息管理活动。

市场，从一般意义上讲是指买卖双方进行商品交换的场所；从广义上讲，也包括产品成为商品最终为消费者所接受的过程中，为降低交易费用而设立和制定的各种交易制度、交易规则。农民专业合作社作为一种经济组织，其生产经营活动必然围绕着市场这个核心。市场不仅是农民专业合作社的起点，也是农民专业合作社的终点，也是农民专业合作社与外界建立协作关系、竞争关系所需信息的传导与媒介，还是农民专业合作社生产经营活动成功与失败的评判者。因此，进行市场调研是农民专业合作社管理的第一重要步骤。

二、市场调研的作用

1. 市场调研是农民专业合作社经营决策的基础

农民专业合作社的决策有 3 种类型。一是战略决策，指对较长期的，关系到合作社长远发展的问题的决策，如经营方向的选择等。二是战术决策，指对短期内出现的、并非重复发生的问题所做的决策。如合作社对竞争者提高价格的反应、促销资金的使用等。三是常规决策，指对短期内经常重复发生的问题的决策，如订货数量等。

一般而言，只有战略性决策才需要开展市场调研，因为战略决策关系到合作社整体营销的成败，影响着合作社的长期生存和发展方向。而战术性决策和常规性决策通常不需要进行正式的市场调研，因为这两种决策的风险相对较小，并且作出决策的速度很快。

2. 市场调研有利于合作社满足目标顾客的需求

随着市场经济的发展，消费者需求的变化越来越快。产品的生命周期日变短，市场竞争更加激烈。合作社通过市场调研，可以发展市场中未被满足或未被充分满足的需求，确定本合作社的目标市场。同时，可以根据消费者需求的变化特点，开发和生产适销对路的产品，并采取有效的营销策略和手段，将产品及时送到消费者手中，满足目标顾客的需要。

3. 市场调研有利于增强合作社的竞争能力

通过市场调研，可以了解市场营销环境的变化，可以及时调整自己的产品、价格、渠道、促销和服务策略。与竞争对手开展差异化的竞争，逐渐树立自己的竞争优势。同时，合作社还可以通过收集竞争对手的情报。了解竞争对手的优势和弱点，然后扬长避短。有的放矢地开展针对性营销，从而增强合作社的竞争能力。

4. 市场调研是合作社营销活动的开始，又贯穿其全过程

合作社的营销活动是从市场调研开始的，通过市场调研识别和确定市场机会，制订营销计划，选择目标市场，设计营销组合。对营销计划的执行情况进行监控和信息反馈。在这一过程中，每一步都离不开市场调研，都需要市场调研为决策提供支持和帮助。需要强调的是，市场调研对合作社的经营决策还有检验和修正的作用。据市场调研获得的资料，可检查计划和战略是否可行。有无疏忽和遗漏，或是否需要修正，并提供相应的修改方案。

三、市场调研的内容

农民专业合作社进行市场调研的内容十分广泛。从广义上说，凡是直接影响合作社市场经营活动的资料，都应该收集整理，凡是有关合作社经营活动的信息，都应该调查研究。一般来说，农民专业合作社市场调研的内容主要包括以下 4 个方面。

1. 市场环境调研

合作社在开展经营活动之前，在准备进入一个新开拓的市场时，要对市场环境进行调查研究。市场环境主要包括以下几种。

（1）经济环境。经济环境主要包括地区经济发展状况、产业结构状况、交通运输条件等。经济环境是制约合作社生存和发展的重要因素，了解本地区市场范围内的经济环境信息，能够为合作社扬长避短，发挥经营优势并进行经营战略决策提供重要依据。

（2）自然地理环境和社会文化环境。商业企业经营的许多商品都与自然地理环境有密切的关系，而农民专业合作社更是由于农业生产的自然性，其产品生产和经营受气候季节、自然条件的制约尤为突出。另外，有些产品生产与经营还将受到当地生活传统、文化习惯和社会风尚等社会文化条件的影响。

（3）竞争环境。竞争环境调研就是对合作社竞争对手的调查研究。调查竞争对手的经营情况和市场优势，目的是采取正确的竞争策略，与竞争对手避免正面冲突、重复经营，而在经营的品种、档次及目标市场上有所区别，形成良好的互补经营结构。

2. 消费者调研

农民专业合作社面对的主要是消费者市场。消费者市场是由最活跃，也是最复杂多变的消费者群体构成的。合作社的销售活动没有消费者参与就不能最终实现产品流通的全过程，因此，合作社在市场调研中，应将消费者作为调研的重点内容。

消费者调研的主要内容包括：

（1）消费者规模及其构成。具体包括消费者人口总数、人口分布、人口年龄结构、性别构成、文化程度等。

（2）消费者家庭状况和购买模式。具体包括家庭户数和户均人口、家庭收支比例和家庭购买模式（家庭中的不同角色承担着不同的购买决策职责）。家庭是基本的消费单位，许多商品都是以家庭为单位进行消费的。了解消费者的家庭状况，就可以掌握相应产品的消费特点。

（3）消费者的购买动机。消费者的购买动机一般而言主要有求实用、求新颖、求廉价、求方便、求名牌、从众购买等。在调查消费者的各种购买动机时需要注意，消费者的购买动机是非常复杂的，有时真正动机可能会被假象掩盖，调查应抓住其主要的、起主导作用的动机。

3. 产品调研

产品是合作社经营活动的主体，通过产品调研，可以及时根据市场变化，调整合作社经营结构，减少资金占用，提高经济效益。

产品调研主要包括：

（1）了解本合作社的产品质量情况，防止伪劣产品进入市场，同时，还可以考察合作社经营的产品品种型号是否齐全、货色是否适销对路、存储结构是否合理、选择的产品流转路线是否科学合理等。

（2）**产品的市场生命周期**。任何一种产品进入市场，都有一个产生、发展、普及、衰亡的过程，即产品的经济生命周期。合作社在市场调研中，要理解自己的产品处于其市场生命周期的哪个阶段，以便按照产品生命周期规律，及时调整经营策略，改变营销重点，取得经营上的主动权，立足于市场竞争的不败之地。

（3）产品成本、价格。通过对市场上类似产品价格变动情况的调研，可以了解价格变动对产品销售量影响的准确信息，从而对市场变化做到心中有数，继续做好产品销售。

4. 流通渠道调研

农民专业合作社的产品要实现其价值，必须从生产领域进入流通领域。

流通渠道调研的内容很多，按照流通环节划分，主要包括：

（1）批发市场。经营批发业务的合作社，首先把产品从生产领域引入流通领域，沟通了产销之间、城乡之间、地区之间的产品流通。在调研中要了解批发市场的信息，研究产品流通规律。

（2）零售市场。调研零售市场是改进合作社经营管理、了解消费者需求的重要方面。特别是近年来发展迅猛的超市零售业，往往第一时间反映了消费者需求状况。

（3）生产者自销市场和农贸市场。合作社在调研中应重点掌握自销和农贸市场产品交易额、交易种类、品种比重等方面信息，以分析其对市场主渠道的影响。

四、市场调研的方法

市场调研的方法主要有观察法、试验法、访问法和问卷法。

1. 观察法

观察法是市场调研的最基本的方法。它是由调研人员根据调查研究的对象，利用眼睛、耳朵等感官以直接观察的方式对其进行考察并搜集资料。例如，市场调研人员到被访问者的销售场所去观察商品的品牌及包装情况。

2. 试验法

由调研人员跟进调查的要求，用试验的方式，对调查的对象控制在特定的环境条件下，对其进行观察以获得相应的信息。控制对象可以是产品的价格、品质、包装等，在可控制的条件下观察市场现象，揭示在自然条件下不易发生的市场规律，这种方法主要用于市场销售试验和消费者使用实验。

3. 访问法

可以分为结构式访问、无结构式访问和集体访问。

结构式访问是实现设计好的、有一定结构的访问问卷的访问。调研人员要按照事先设计好的调查表或访问提纲进行访问，要以相同的提问方式和记录方式进行访问。提问的语气和态度也要尽可能地保持一致。

无结构式访问的没有统一问卷，由调研人员与被访问者自由交谈的访问。它可以根据调查的内容，进行广泛的交流。如：对商品的价格进行交谈，了解被调查者对价格的看法。

集体访问是通过集体座谈的方式听取被访问者的想法，收集信息资料。可以分为专家集体访问和消费者集体访问。

4. 问卷法

是通过设计调查问卷，让被调查者填写调查表的方式获得所调查对象的信息。在调查中将调查的资料设计成问卷后，让接受调查对象将自己的意见或答案，填入问卷中。在一般进行的实地调查中，以问答卷采用最广。

五、市场调研的步骤

市场调研是由一系列收集和分析市场数据的步骤组成。某一步骤作出的决定可能影响其他后续步骤，某一步骤所做的任何修改，往往意味着其他步骤也可能需要修改。通常，农民专业合作社市场的调研按照以下几个步骤进行。

1. 确定市场调研目标

市场调研的目的在于帮助合作社准确地做出战略、经营和营销决策，在市场调研之前，须先针对合作社所面临的市场现状和亟待解决的问题，如产品销量、产品特性、广告效果等，确定市场调研的目的和范围。

市场调研人员应当始终清楚地认识到其市场调研活动的目的：他们希望通过调研完成或知道什么？实践中，市场调研的目标往往是为了解决某个特定的问题，另一常见的目标是为使合作社能确认潜在的市场机会。合作社常常围绕这两种目标来设计市场调研计划、解决问题和确认机会。

2. 确定所需信息资料

市场信息浩若烟海，合作社进行市场调研，就必须根据已确定目标和范围收集与之密切相关的资料，而不必要面面俱到。纵使资料堆积如山，如果没有确定的目标，也只会事倍功半。

3. 确定资料收集方式

合作社在进行市场调研时，收集资料必不可少。而收集资料的方法极其多样，合作社必须根据所需资料的性质选择合适的方法，如实验法、观察法、调查法等。

4. 收集现成资料

为有效地利用合作社内外现有资料和信息，首先应该利用室内调研方法，集中搜集与既定目标有关的信息，这包括对企业内部经营资料、各级政府统计数据、行业调查报告和学术研究成果的搜集和整理。现在，通过互联网来收集资料和信息是一种比较实用的室内调研方法。

5. 设计调查方案

在尽可能充分地占有现成资料和信息的基础上，再根据既定目标的要求，采用实地调查方法，以获取有针对性的市场情报。市场调查几乎都是抽样调查，抽样调查最核心的问题是抽样对象的选取和问卷的设计。如何抽样，须视调查目的和准确性要求而定。而问卷的设计，更需要有的放矢，完全依据要了解的内容拟定问句。

6. 组织实地调查

实地调查需要调研人员直接参与，调研人员的素质影响着调查结果的正确性，因而，首先必须对调研人员进行适当的技术和理论训练；其次还应该加强对调查活动的规划和监控，针对调查中出现的问题及时调整和补救。

7. 进行观察试验

在调查结果不足以揭示既定目标要求的信息广度和深度时，还可以采用实地观察和试验方法，组织有经验的市场调研人员对调查对象进行公开和秘密的跟踪观察，或是进行对比试验，以获得更具有针对性的信息。

8. 统计分析结果

市场调研人员需以客观的态度和科学的方法进行细致的统计计算，以获取高度概况性的市场动向指标、并对这些指标进行横向和纵向比较、分析和预测，以揭示市场发展的现状和趋势。

9. 准备研究报告

市场调研的最后阶段是根据比较、分析和预测结果写出书面调研报告，一般分专题性报告和全面报告，阐明针对既定目标所获结果，以及建立在这种结果基础上的经营思路、可供选择的行动方案和今后进一步探索的重点。

第二节　经营决策

一、经营策略的概念

经营决策是指企业对未来经营发展的目标及实现目标的战略或手段进行最佳选择的过程。经营决策贯穿于合作社企业生产经营活动的全过程。

二、经营策略的步骤

一般而言，农民专业合作社的经营决策包括5个步骤。

第一步，必须要辨识所面对的问题是什么以及该决策所要实现的目标是什么。如果按照决策的重要性来区分，有些决策是战略性的，有些决策是局部性的、战术性的，因此，决策的目标也将相应地具有不同层次的意义。局部服从于全局，合作社企业的总体目标应该是具有根本性的。

第二步，决策者需要确定，为解决所面对的问题或实现决策的目标，合作社企业可能采取哪些措施或竞争策略。在具体决策中，究竟采用其中的哪些策略，或者需要同时采用几种策略，都需要根据具体的决策问题来加以判断。

第三步，针对问题，考虑到可能的策略选择，决策者需要设计多种可能的解决方案。方案的设计就是在搜集大量信息的基础上，列出决策面临的几种可能的方案。对一些重要的决策来说，方案可能很多，极端地说，甚至可能有无穷多种方案。当然，在实践中，有意义的方案或可行性较大的方案大概不会超过十种，那么，在选择某种方案之前，就必须要了解可能有几种方案，每一种方案的难点何在，结果如何，实现的条件是什么，实现的可能性有多大等。实际上，在设计方案的时候，决策者面临着来自两方面的约束，一方面是来自合作社企业外部环境的约束；另一方面是来自合作社企业内部的组织与资源约束。

第四步，在设计了备选方案之后，还需要对这些方案进行评估，并在评估的基础上选出最优方案。方案的评估需要一个明确的基准，通常可以是合作社企业目标的具体量化指标。方案选择也就是俗话所说的"拍板"。方案评估与方案选择是紧密联系的。最优方案的选择看起来是一个简单的步骤，但实际上并不简单，因为方案的选择涉及选择的准则，不同的准则将得出不同的结果。例如，不同方案有着不同的风险，因此，敢冒风险的人可能选择风险较大的方案，因为往往相应的收益比较大；稳重保守的人则会选择风险较小的方案，尽管收益会较低，但失败的可能性也较小。

第五步，决策的实施。这个阶段常常要求持续地进行监测，以确保结果与预期相一致。如果不一致，需要在可能的时候对原先选定的方案进行修正。

第三节　市场营销

一、市场营销的对象

虽然目前合作社企业主要存在于农业领域，但在其他行业也逐渐浮现出合作社的影子。

合作社企业市场营销的对象及范围，主要包括：产品或商品、服务、体验、活动、个人、组织、信息和理念等。

1. 商品

商品是能够提供给市场进行交易的实物产品，它们是现代社会中生产和营销的主要内容。

2. 服务

服务是指用于出售的活动或利益，它本质上是无形的并且不会导致对任何事物的所有权改变。随着市场经济高速发展，服务在经济活动中所占比重越来越大。例如，测土配方合作社、农机服务合作社、农技合作社、植保合作社等服务性合作社不断涌现。实际上，许多市场上的供应品，都是由不同比例的商品和服务混合而成的。

3. 体验

通过协调多种商品和服务，人们可以创造、策划和营销体验。随着产品和服务不断地变成商品，体验已经崛起成为许多企业区别自己所提供产品而要走的下一步棋。顾客真正想要的是可以使他们眼花缭乱，触动他们的心灵，并且刺激他们神经的产品、交流和营销活动。例如，现在颇为流行的"采摘游"农家乐项目就是一种很好的体验活动。

4. 活动

企业常常可以策划、推广基于时间的活动，如贸易展览会、特价果品拍卖会等。

二、市场营销的管理过程

1. 建立市场营销机构

合作社企业应当根据自身的规模、生产经营特点、财力因地制宜地设置市场营销机构，来从事市场营销活动。

2. 分析市场营销机会

合作社企业市场营销的成功是建立在对营销机会的把握上，所以分析市场营销机会是合作社开展市场营销的基础。营销机会分析主要包括建立市场营销信息系统并对环境、市场、竞争者进行分析。

3. 进行市场细分，选择目标市场

在机会分析的基础上，合作社企业就可以进行市场细分并选择自己的目标市场。

4. 制定市场营销组合策略

合作社企业确定了目标市场以后，必须运用一切能够利用的营销要素去占领市场。市场营销要素是企业在市场营销活动中可以控制的因素，主要包括产品（Product）、价格（Price）、分销渠道（Place）和促销（Promotion）4 类要素，简称 4Ps。市场营销组合是指企业综合利用的各种营销要素，并对其进行最佳的组合，以实现营销目标，简称 4P 组合。1984 年，营销学泰斗菲利浦·科特勒（PhilipKotler）又在 4Ps 的基础上加了两个 P：权力（Power）和公共关系（Public Relations）。的确，企业能够而且应当影响自己所在的营销环境，而不应单纯地顺从和适应环境。在国际国内市场竞争都日趋激烈，各种形式的政府干预和贸易保护主义再度兴起的新形势下，合作社尤其要注意运用政治力量和公共关系，打破国际或国内市场上的贸易壁垒，为市场营销开辟道路。

5. 进行市场营销控制

市场营销控制是指通过对市场营销计划与策略执行情况的监督和检查，发现营销计划和策略实施过程中的问题，提出纠正和防止重犯错误的对策和建议，以保证市场营销战略目标的实现。具体包括确定评价的市场营销业务范围、建立衡量评价标准、确定检查控制方法、按照目标检查实施工作绩效、提出分析和改进的对策及建议等 5 个步骤。

第四节　品牌建设

一、品牌的概念

品牌是给拥有者带来溢价、产生增值的一种无形的资产，它的载体是用于和其他竞争者的产品或劳务相区分的名称、术语、象征、记号或者设计及其组合，增值的源泉来自于消费者心智中形成的关于其载体的印象。

品牌有广义和狭义之分。广义的"品牌"是具有经济价值的无形资产，用抽象化的、特有的、能识别的心智概念来表现其差异性，从而在人们的意识当中占据一定位置的综合反映。狭义的"品牌"是一种拥有对内对外两面性的"标准"或"规则"，是通过对理念、行为、视觉3方面进行标准化、规则化，使之具备特有性、价值性、长期性、认知性的一种识别系统总称。这套系统我们也称之为 CIS（corporate identity system）体系。

现代营销学之父科特勒在《市场营销学》中的定义，品牌是销售者向购买者长期提供的一组特定的特点、利益和服务。

品牌承载的更多是一部分人对其产品以及服务的认可，是一种品牌商与顾客购买行为间相互磨合衍生出的产物。

二、品牌的作用

1. 品牌对消费者的作用

众所周知，消费者在商品购买决策过程中，往往都会考虑到品牌，也就是通常所说的消费者具有"品牌意识"。

品牌对消费者来说，具有如下作用。

①识别产品来源，如宁夏的枸杞、江西的蜜橘等。

②质量的标志，即无论何时、何地购买同一品牌的商品，都

能够确保质量。

③追究产品制造者的责任。当在产品的使用过程中出现不尽如人意的事时，消费者可以据此追究生产者的责任。典型的例子是"三鹿奶粉事件"。

④减少购买风险。选择信誉良好的品牌或重复购买同一种品牌，消费者可以将购买可能遇到的风险减到最低的程度。

⑤降低搜寻成本。品牌是记忆中有关产品的提取线索，只要知道是什么品牌，就可以直接由品牌提取出大量有关的信息，而无须再去搜寻信息。

⑥与产品制造者建立契约，即消费者与制造者之间通过品牌建立了某种互利互惠的契约关系。

⑦展示自己。大多数品牌都有一定的象征意义，消费者可以通过产品或服务来展现自己的个性、人格、地位、身份以及个人所在的群体等。

⑧优化选择，即品牌可以帮助消费者购买该类产品中的最佳品牌。

2. 品牌对生产者的作用

品牌对生产者来说，具有如下作用。

①区别竞争对手，即生产者利用品牌将自己的产品与竞争对手的产品相区别。

②简化追踪识别。如果产品没有品牌，就无法进行售后的追踪研究。

③作为法律保护手段。为使自己的产品不被仿冒，企业要将注册商标作为法律保护的手段，而且可以利用防伪标志等手段来保护自己的权益。如河北省涉县柴鸡养殖协会注册了"龙凤"牌商标，江苏省金坛市碧润水芹专业合作社注册了"碧润"牌商标等。

④竞争优势的来源。在现代社会里，信息流通速度快，企业

之间的产品复制能力非常强、速度非常快，因此，单纯靠技术上的优势来保持产品竞争优势是比较困难的，还需注重品牌的建设。

⑤便于导入新产品。企业可以利用消费者对企业已有品牌的了解，简化消费者认识新产品的过程，使消费者将对某品牌的认识直接迁移到新产品上。

⑥增加产品的附加值。同样一种产品，贴上不同的品牌，消费者所能接受的价格大不相同。

⑦赋予产品特殊的意义。通过品牌化，可以赋予产品某种特殊的意义。

三、品牌建设的步骤

作为一个产品品质的综合性标志，品牌是一个名称、术语、符号或以上几种的组合，用以识别某个特定的企业或产品或服务，并使之与竞争者区别开来。所以，农产品营销实施品牌战略，必须注意定位、名称、商标、广告语以及包装等一系列问题。

第一，必须考虑定位问题。所谓定位问题就是指要考虑自己的产品究竟与别人的产品有什么不同之处，究竟适用于什么样的消费者。譬如说，这个农产品打算针对高端还是低端市场，是强调绿色食品特点还是强调具有药用价值等。

第二，必须考虑名称。好的名称能清楚地传递出自己产品独特的品质和定位，能使好的产品如虎添翼。长期以来，农产品的品牌名称往往是"地名"加"品名"，如黄岩蜜橘、西湖龙井。这种只强调共性而不讲究农产品个性的品牌名称方式，在全国农产品统一大市场中，路子越走越窄，导致同一种农产品良莠不齐，竞争无序。因此，在通过农产品原产地保护等措施对传统农产品进行保护的同时，要通过农产品个性化的品牌战略来增强农产品的竞争力。

第三，要有一个商标。只有通过商标注册，才能较好地维护品牌利益。一般说来，注册商标要简单醒目，便于记忆；新颖别致，易于识别；容易发音，利于通用；配合风俗，易于接受。实际上，商标注册比较复杂，合作社可以委托专门的机构来办理。

第四，要有一句广告语。好的广告语应该简洁明了，朗朗上口，让人们一下子就了解或联想到这个产品的特性或好处。譬如说，某高山蔬菜的广告语就可以是"来自海拔 900 米高山上……"，某食品的广告语是"健康好味道"等。

第五，包装也很重要。好的包装是"无声的推销员"，能够说明产品的特色、属性和定位，吸引消费者注意力，给消费者以信心，形成有利的总体形象。

四、产品包装

包装的好坏影响到商品能否以完美的状态传达到消费者手中，包装的设计和装潢水平直接影响到产品形象乃至商品本身的市场竞争。

农产品的包装功能主要有 4 个方面。

1. 保护商品

包装最重要的作用就是保护商品。商品在贮存、运输等流通过程中常会受到各种不利条件及因素的破坏和影响，采用合理的包装可使商品免受或减少这些破坏和影响，以达到保护商品的目的。

对食品产生破坏的因素大致有两大类：一类是自然因素，包括光线、氧气、水及水蒸气、高低温、微生物、昆虫、尘埃等，可引起食品变色、氧化、变味、腐败和污染等；另一类是人为因素，包括冲击、振动、跌落、承压载荷、人为盗窃污染等，可引起内装物变形、破损和变质等。

不同食品、不同的流通环境，对包装的保护功能的要求是不一样的。例如，饼干易碎、易吸潮，其包装应防潮、耐压；油炸豌豆极易氧化变质，要求其包装能阻氧避光照；而生鲜食品的包装应具有一定的氧气、二氧化碳和水蒸气的透过率。因此，包装工作者应首先根据包装产品的定位，分析产品的特性及其在流通过程中可能发生的质变及其影响因素，选择适当的包装材料、容器及技术方法对产品进行适当的包装，保护产品在一定保质期内的质量。

2. 方便贮运

包装能为生产、流通、消费等环节提供诸多方便：能方便厂家及运输部门搬运装卸，方便仓储部门堆放保管，方便商店的陈列销售，也方便消费者的携带、取用和消费。现代包装还注重包装形态的展示方便、自动售货方便及消费时的开启和定量取用的方便。一般说来，产品没有包装就不能贮运和销售。

3. 促进销售

包装是提高商品竞争能力、促进销售的重要手段。精美的包装能在心理上征服购买者，增加其购买欲望。在超级市场中，包装更是充当着无声推销员的角色。随着市场竞争由商品内在质量、价格、成本竞争转向更高层次的品牌形象竞争，包装形象将直接反映一个品牌和一个企业的形象。

4. 提高商品价值

包装是商品生产的继续，产品通过包装才能免受各种损害而避免降低或失去其原有的价值。因此，投入包装的价值不但在商品出售时得到补偿，而且能给商品增加价值。

包装的增值作用不仅体现在包装直接给商品增加价值，这种增值方式是最直接的，而且更体现在通过包装塑造名牌所体现的品牌价值这种无形的增值方式。当代市场经济倡导名牌战略，同类商品名牌与否差值很大。品牌本身不具有商品属性，但可以被拍卖，通过赋予它的价格而取得商品形式，而品牌转化为商品的过程可能会给企业带来巨大的直接或潜在的经济效益。包装的增值策略运用得当，将取得事半功倍的效果。

第五节　风险管理

一、风险管理的相关概念

1. 农民专业合作社风险的概念

农民专业合作社风险是指农民专业合作社在生产经营过程中，由于自身或外界因素的影响而发生遭受损失的可能性。农民专业合作社是农业产业中的特殊经济组织，它在运营过程中受到农业产业风险及其自身状况的双重影响，因此，其面临的风险包括农业产业风险，但不限于农业产业风险。

目前，我国学者关于农民专业合作社风险管理含义界定的研究较少，只有梁红卫（2011）首次提出农民专业合作社风险管理是指农民专业合作社员工（社员及其管理人员）对合作社可能面临的风险进行规划、识别、评价和应对，以最小的成本获得最大安全保障的管理活动。

2. 风险管理的目标

依据风险的发生时间，风险管理目标可以分为两部分：风险发生前的管理目标是努力避免或减少损失的发生；风险发生后的管理目标是尽快恢复到损失前的状态。两者相得益彰，构成系统完整的风险管理目标。

3. 风险管理功能、主体和分类

风险管理既是影响农业发展以及国民经济发展状况的一个基本管理范畴，也是现代农业生产活动中一项不可或缺的组成部分。其主要功能主要体现在减少农业风险发生的可能性和降低农业风险给农民造成意外损失的程度。

风险管理主体包括农户家庭、集体经济组织和国家政府。就管理层次而言，农业风险管理可以分为微观风险管理、中观风险管理和宏观风险管理。

一般而言，只有农户家庭、集体经济组织和各级政府都进行风险管理，才有可能实现农业的安全保障。

二、农民专业合作社主要风险

农民专业合作社受其经营产业、生存环境和成员素质等因素的影响，面临诸多风险的袭扰，其中的主要风险如下。

（一）制度风险

一些农民专业合作社内部组织不健全，很多组织制度都是在设立登记时直接照抄照搬的，没有实际的使用意义。内控制度不完善，章程不明确，产权不明晰，理事会、监事会职责不清，会员权利、义务不明，大多数专业合作社由理事长一人说了算，成员大会、理事会、监事会很难起到民主管理、民主监督的作用。甚至基本上不开会，大部分问题直接是少数几个人电话沟通解决，没有会议记录，在公平和民主上达不到真正的透明。

（二）管理风险

2007 年，我国出台了《农民专业合作社法》，这部法律对设立农民专业合作社应具备的条件及申请设立登记有明确规定，但在实际操作过程中，存在很大的随意性，可操作性较差。由于农民专业合作社的成员大部分文化素质较低，社员之间文化程度不平衡，对法律及合作社运营过程中的事项不明确，对各项财务法规等规章制度不了解，管理水平总体相对落后。工商部门只管注册登记，不对申报材料的真实性进行考究，部分专业合作社已解散多年，而工商部门仍未注销。部分合作社在运营过程中实际上是名存实亡。

（三）道德风险

有些专业合作社成立的动机不纯，在设立时提供的材料严重失实，注册资金弄虚作假，大部分以实物出资，出资资产不实，有的没有固定的办公场所，甚至会员数量构成与实际不符。部分农民专业合作社成立的动机不纯，只想以获取国家优惠政策补贴为基准，套取项目资金和银行贷款为目的。有的专业合作社通过挤占会员贷款和变相套取银行贷款用于发展其他实体经济或投资自己的产业，实质上变成了"钓鱼"项目。

（四）法律风险

专业合作社法律风险大量存在。如有的专业合作社私自解散，因债权、债务不清而产生纠纷；有的专业合作社注册资本出资额虚假；有的挪用贷款或成员资金等，这些法律问题存在严重地损害了各成员的利益，在出现问题的同时，由于没有相关的证据为依据，在法律解决的过程中存在着很大的弊端。

（五）财务风险

农民专业合作社的成员大部分都是农民，由于法律知识的匮乏，规模大小的限制，在筹资及经营过程中存在着较大的财务风险，这些风险在所有风险中显得尤为重要。主要表现为筹资风险、运营风险、税务风险、资金流动性风险、盈余分配风险等。

在筹资过程中，大部分出资为实物出资为主，现金出资为辅，出资存在一定风险。实物出资存在公允价值计量的问题。以生物资产为主要实物资产。生物资产的公允价值计量一直是财务会计界的一个难点。由于信息不对称，实物出资者对出资的生物资产信息最充分，合作社其他成员获取的生物资产信息相对不充分。

在经营过程中，生物资产存在较大风险。按财务会计角度，在合作社中生物资产主要以植物性生物资产和动物性生物资产为主。生物资产具有生命特征，管理、环境气候、病虫害等条件会对生物资产的生命形态产生较大影响。例如，干旱和病虫害会对植物性生物资产的生命形态产生较大的影响，人为管理也会对生物资产的生命形态产生较大影响，如对动物性生物资产的喂食和植物性生物资产的施肥、灌溉等。因此，生物资产具有生命形态特性决定了生产经营中生物资产具有较大的风险。

在税收管理中的风险。按照现行税收政策，符合一定条件，专业合作社可以享受流转税和企业所得税减免税优惠政策。这些具体条件包括账务健全和为合作社成员购置和提供的农资与服务；另外，从事种植、养殖等初级农业产品业务的，也可以享受流转税和企业所得税减免税优惠政策。这些减免税优惠政策的条件，要求明确，标准具体，不符合条件的，要按规定缴纳税款。目前，专业合作社由于股东人员素质、治理结构和管理团队等多种因素，财务制度和内部控制制度不健全，财务机构不健全，财务人员配备不合理，不少专业合作社对征免税项目不能分开核算，不能取得发票和其他合法票据，存在较大的税收风险。

资金流动性风险。由于专业合作社社员大部分采用实物投资，生物资产销售又受到其生命周期影响，只有处在一定生命周期状态的生物资产才可以销售，这在果木种植专业合作社表现尤其明显。而专业合作社在正常生产运营过程中，人员工资、设备和低值易耗品购置以及日常费用报销需要一定的流动资金。据了解，不少专业合作社一旦发生这些情况，需要专业合作社成员重新增资入社。专业合作社资金流动性不足，对专业合作社的运营、品牌价值产生了不利影响，存在一定风险。

在盈余分配过程中，专业合作社存在一定的舞弊风险。一般专业合作社成员并不实际或者全程参与管理，理事会的治理结构难以落实到位，按出资分配和按交易量分配盈余并存，容易引起舞弊风险，从而带来法律风险。另外，专业合作社农产品定价的舞弊风险，对盈余分配也会产生一定影响。

三、风险管理的步骤

农民专业合作社风险管理的程序分为以下 5 个步骤。

1. 确定风险管理目标

对于不同的农民专业合作社风险管理主体，风险管理目标可能有不同的侧重。所以，进行农民专业合作社风险管理，首要的任务是通过农民专业合作社风险管理系统的研究作业，确定系统的目标。即通过对资料的收集、分类、比较和解释等活动，确定农民专业合作社风险管理目标。

2. 农业风险识别

农业风险识别是对农业自身所面临的风险加以判断、归类和鉴定其性质的过程。因为各种不同性质的风险时刻威胁着农业的生存与安全，必须采取有效方法和途径识别农业所面临的以及潜在的各种风险。一方面可以通过感性知识和经验进行判断；另一方面则必须依靠对各种会计、统计、经营等方面的资料及风险损失记录进行分析、归纳和整理，从而发现农业面临的各种风险及其损害情况，并对可能发生的风险的性质进行鉴定，进而了解可能发生何种损失或波动。

3. 农业风险衡量

在农业风险识别的基础上，通过对所收集的资料的分析，对农业损益频率和损益幅度进行估测和衡量，对农业收益的波动进行计量，为采取有效的农业风险处理措施提供科学依据。

4. 农业风险处理

即风险管理主体根据农业风险识别和衡量情况，为实现农民专业合作社风险管理目标，选择与实施农民专业合作社风险管理技术。农民专业合作社风险管理技术包括控制型风险管理技术和财务型风险管理技术。前者以降低损失频率和减少损失幅度为目的；后者则以提供基金的方式，消纳发生损失的成本。

5. 农民专业合作社风险管理评估

农民专业合作社风险管理主体在选择了最佳风险管理技术以后，要对风险管理技术的适用性及收益情况进行分析、检查、修正和评估。因为农业风险的性质和情况是经常变化的，风险管理者的认识水平具有阶段性，只有对农业风险的识别、评估和技术的选择等进行定期检查与修正，才能保证农民专业合作社风险管理技术的最优使用，从而达到预期的农民专业合作社风险管理目标和效果。

总体而言，针对我国不同时期的农业风险状况，我国的政府介入虽然在一定时期、一定程度上防范和化解了农业的巨大风险，保障了农民的经济利益，推动了农业和社会的发展。但不可否认的是，政府、农民和其他经济主体正在承担着更大、更为复杂的风险，而原有的风险管理措施被证明并不能有效地规避这些风险。在当前的全球化、市场下背景下，政府介入风险管理的方式继续进行重新整合及创新，才能有效防范和化解这些蕴含巨大损失、损失与获利机会同时并存的风险。而农民合作社在一定程度上也可以起到一些风险管理作用。

第六节　绩效评价

一、绩效的相关概念

一般认为，所谓绩效是指立足于组织长远发展，以提高个人绩效和组织绩效为基本目标，以组织功能的实现度、组织运营的有效性和组织服务对象的满意度为基本衡量指标，对组织的运营效果和功能发挥的一种综合性衡量。

二、评价绩效的基本原则

（1）评价农民专业合作社绩效，既要强调全面性，也要强调适用性，更要强调操作性。换言之，评价农民专业合作社绩效既要全面考虑到合作社在经济、社会等方面的绩效，也要注意适用于目前我国农民专业合作社发展的现实，更要具有可操作性。

（2）评价农民专业合作社绩效，既要注重经济绩效，又要考虑社会绩效。这是因为合作社是兼有企业属性和共同体属性的社会经济组织。

（3）评价农民专业合作社绩效，既要考察产出，又要考察行为。合作社是社员自我服务的组织，不能简单地用产出来衡量，还要看合作社为社员提供服务的情况。

（4）评价农民专业合作社绩效，既要采用定量评价，又要兼顾定性评价。

三、评价绩效的计算方法

首先，根据对农民专业合作社绩效的基本认识，提出农民专业合作社绩效评价指标。农民专业合作社绩效评价指标应该能够反映农民专业合作社在组织运行、运营活动、社员收益、组织发展和社会影响五方面的效果和功能发挥。其中，组织运行、运营活动是行为性绩效指标，社员收益、组织发展和社会影响是产出性绩效指标，详见下表。

表　农民专业合作社绩效指标的权重

一级指标	二级指标	三级指标
合作社绩效 （1.0）	组织运行 （0.15）	社员对合作社的治理满意度（分）（0.075）
		合作社按交易额向社员返还盈余的比例（%）（0.075）

（续表）

一级指标	二级指标	三级指标
合作社绩效 （1.0）	运营活动 （0.20）	合作社为社员统一采购配送农业投入品的比例（%）（0.05）
		合作社为社员统一品牌销售主产品的比例（%）（0.05）
		合作社为社员统一技术培训的次数（次）（0.05）
		社员进行标准化生产的比例（%）（0.05）
	社员收益 （0.20）	社员人均年纯收入（万元）（0.075）
		社员人均年纯收入高于当地平均数的比例（%）（0.075）
		社员与合作社交易额占合作社年经营收入的比例（%）（0.05）
	组织发展 （0.30）	社员总数（人）（0.1）
		合作社年经营收入（万元）（0.1）
		合作社年纯盈余（万元）（0.05）
		主产品品牌度（分）（0.05）
	社会影响 （0.15）	合作社带动当地非社员农户数（户）（0.06）
		合作社为当地非社员农户销售与社员同类主产品的年营业额（万元）（0.045）
		合作社对当地经济社会发展的综合影响度（分）（0.045）

其次，对农民专业合作社绩效评价指标进行赋权并进行计算，从而得出农民专业合作社的综合绩效指数。一般地，我们可以根据分层赋权逐层汇总方法计算农民专业合作社的综合绩效指数。

农民专业合作社的综合绩效指数的具体计算方法大致如下。

（1）对各指标进行规格化处理。由于各个指标的物理量及数量级相差较大，计量单位不同，必须进行规格化处理，即必须采用具备统计学合理性的方法来计算各指标的规格化指数。我们主要使用"功效系数法"。经过处理的规格化指数居于 50 ~ 100，而且该指标各合作社的位次没有发生变化。

（2）根据预先确定的各项指标的权重，利用各项指标的规格化指数计算各合作社的综合绩效指数，按照综合绩效指数的大小对所测评的所有合作社排出基本顺序。

最后，还可根据具体需要，依据农民专业合作社的综合绩效指数对农民专业合作社进行绩效排序。

功效系数法是指消除不同指标量纲的影响并计算分值。计算公式如下：

$$A_i = \frac{X_{ii} - X_\delta}{X_n - X_u} \times 50 + 50$$

案　例

静海大邱庄合作社做好市场调研　提高经济效益

静海县大邱庄生宝谷物种植专业合作社充分发挥园区内市场部的作用，做好新品种引进，蔬菜、水果错峰上市和产品售后的信息反馈等工作，增加瓜果蔬菜的销售收入。

静海县大邱庄生宝谷物种植专业合作社从 2012 年建起了市场部，开发新品种，去年他们从浙江引进的红霞和章姬两个品种，就是市场部的人员在上海开农博会的时候获取的信息，园区负责人顾靖说："市场部的人找到种草莓的农技师，和农技师洽谈，带着他们到北方来，又到北京、昌黎等地考察了 3 个多月，才确定在我们园区可以种草莓，种得还是比较成功的。"

合作社尝试着采用大棚无公害方式种植，一共种植了 37 个棚的草莓。采摘期从 2013 年 12 月持续到 2014 年的 5 月。在静海县，他们是第一家规模化种植草莓的园区，这第一次尝试，就取得了不错的效益。顾靖说："我们一个棚一亩（1 亩 ≈ 667 平方米。全书同）多地，产 2 000 千克草莓，一个棚能卖八九万块钱。"

除草莓外，在园区内还有很多新品种也是通过市场部获取信息，然后通过考察论证开始种植的。像园区内种植的新品西瓜、特色甜瓜、西红柿、黄瓜等瓜果蔬菜，因为品质优良，得到了市场的青睐，价格也提高上去。

市场部除了引进新品种外，还要做市场调查，冬天反季节的蔬菜，像芹菜、油麦菜、油菜等部分叶类蔬菜，他们会销往东北地区，在种植以前，他们会到东北、吉林、内蒙古市场上看一看，了解一下当地的种植情况。"如果很多，我们就避开一下，年前上市的，我们错后一个月，等他们那茬菜上市之后，我们再上市，或者我们提前点，避开所有蔬菜一块儿丰产的高峰期，都有了，价格就低了，因为购销量是成比例的。"

这样就保障了园区的蔬菜、水果错峰上市，提高了经济效益。市场部工作人员张金勇介绍说，年前大棚里种植的羊角脆马上就要上市了，而这个时间市场同类的水果还比较少，价格相对就高些："可以卖个40~60元1千克，这都是通过调研知道的，如果到6~7月份下来，扔了都没有人要。"

对于销售出去的蔬菜、水果，市场部的工作人员也会及时收集反馈信息。因为合作社的蔬菜主要是销往一些大专院校，他们会到学校里了解情况，在蔬菜的品种上加以调整，适应大伙儿的需求。

第六章 农民专业合作社的财务管理

第一节 资产的管理与会计核算

一、资产的管理

资产管理是财务管理的一部分，合作社有必要对本社所拥有的资产进行严密的管理和控制，资产管理主要包括两方面内容：内部牵制制度管理和责任管理。内部牵制制度管理主要体现在资产的购置、验收、保管、使用、处置等环节上，实行"五分开"。即购置计划与审批、审批与采购、采购与验收保管、保管与使用审批、处置与审批相互分开，相互牵制、相互监督。责任管理即对资产的购置、验收、保管、登记、清查等都要确定专人负责。

二、债权资产的核算

农民专业合作社的债权资产从内外方向角度划分为两类：一是农民专业合作社与外部单位和个人发生的应收及暂付款项，为外部应收款，以"应收款"科目核算；二是农民专业合作社与所属单位和社员发生的应收及暂付款项，为内部应收款，以"成员往来"科目核算。

（一）外部应收款项核算

外部应收款项是指农民专业合作社与外部单位和外部个人发生的各种应收及暂付款项。农民专业合作社外部应收款项通过

"应收款"账户进行会计核算。该账户借方登记农民专业合作社应收及暂付外部单位和个人的各种款项，贷方登记已经收回的或已转销的应收及暂付款项，余额在借方，反映尚未收回的应收款项。

在"应收款"科目下，应按不同的外部单位或个人设置明细账，详细反映各种应收款项的情况。

【例1】兴旺禽业专业合作社销售一批鸡蛋到某超市，成本20 000元，售价23 000元，货款尚未收到。会计分录为两笔：一是应收款增加，经营收入增加；二是结转成本，经营支出增加，产品物资减少。会计分录如下。

借：应收款——某超市　　　　　　23 000元
贷：经营收入　　　　　　　　　　23 000元
同时，结转成本：
借：经营支出　　　　　　　　　　20 000元
贷：产品物资——鸡蛋　　　　　　20 000元

（二）内部应收款项核算

内部应收款项是指农民专业合作社与社员发生的各种应收及暂付款项。农民专业合作社内部应收款项通过"成员往来"账户进行核算。"成员往来"是一个双重性质的账户，凡是农民专业合作社与所属单位和社员发生的经济往来业务，都通过本账户进行会计核算。也就是说，它既核算农民专业合作社与所属单位和社员发生的各种应收及暂付款项业务，也核算各种应付及暂收款项业务。该账户借方登记合作社与所属单位和社员发生的各种应收及暂付款项和偿还的各种应付及暂收款项，贷方登记合作社与所属单位和社员发生的各种应付及暂收款项和收回的各种应收及暂付款项。该账户各明细账户的期末借方余额合计数，反映农民专业合作社所属单位和社员尚欠合作社的款项总额，各明细账户的期末贷方余额合计数，反映合作社尚欠所属单位和社员的款项总额。

为详细反映成员往来业务情况，农民专业合作社应按社员设置"成员往来"明细账户，进行明细核算。各明细账户年末借方余额合计数应在资产负债表的"应收款项"项目内反映，各明细账户年末贷方余额合计数应在资产负债表的"应付款项"项目内反映。

有关成员往来业务核算举例如下。

【例2】某生猪专业合作社向社员企业华丰生猪公司按协议提供饲料10吨，成本14 000元，售价14 500元，价款暂未收到。

销售商品是农民专业合作社正常经营活动，该业务同时导致经营收入增加，同时，应收款（成员往来借方）增加。会计分录如下。

借：成员往来——华丰公司　　　　　　14 500元
贷：经营收入　　　　　　　　　　　　14 500元
同时，结转成本：
借：经营成本　　　　　　　　　　　　14 000元
贷：产品物资　　　　　　　　　　　　14 000元

【例3】社员华丰生猪公司向农民专业合作社借款20 000元，用于周转，农民专业合作社从银行转账支付，会计分录为：

借：成员往来——华丰公司　　　　　　20 000元
贷：银行存款　　　　　　　　　　　　20 000元

【例4】年终，按成员大会决议，华丰生猪公司在农民专业合作社盈余分配时，按交易额比例可分12 000元，按股本分配可分8 000元。

借：盈余分配——各项分配　　　　　　20 000元
贷：应付盈余返还——华丰　　　　　　12 000元
　　应付剩余盈余——华丰　　　　　　　8 000元

将所有成员账户应收、应付款项转入"成员往来"科目。

借：应付盈余返还——华丰　　　　　　12 000 元

　　应付剩余盈余——华丰　　　　　　8 000 元

贷：成员往来——华丰　　　　　　　　20 000 元

三、存货的核算

农民专业合作社的存货是指在生产经营过程中持有以备出售，或者仍然处于生产过程中，或者在生产或提供劳务过程中将消耗的各种材料或物资等。具体来讲，农民专业合作社存货包括各种材料、燃料、机械零配件、包装物、种子、化肥、农药、农产品、在产品、半成品、产成品等。包括产品物资、委托加工物资、委托代销商品、受托代购商品、受托代销商品 5 个会计账户。

（一）产品物资的核算

农民专业合作社出入库的材料、商品、包装物和低值易耗品以及验收入库的农产品，通过"产品物资"账户进行核算。包装物如果使用频繁、数量大，也可增设为一级科目。该账户借方登记外购、自制生产、委托加工完成、盘盈等原因而增加的物资的实际成本，贷方登记发出、领用、对外销售、盘亏、毁损等原因而减少的物资的实际成本，余额在借方，反映期末产品物资的实际成本。

1. 材料的核算

【例5】某养蜂专业合作社为加工蜂蜜，购进辅助材料一批，发票注明价款 5 000 元，货款已用银行存款支付。

会计分录为：

借：产品物资——材料　　　　　　　　5 000 元

贷：银行存款　　　　　　　　　　　　5 000 元

【例6】农民专业合作社自制的某材料验收入库，自制成本 10 000 元，会计分录为：

借：产品物资——材料　　　　　　　10 000 元
　贷：生产成本　　　　　　　　　　10 000 元

【例7】大米加工专业合作社接受社员以稻谷作为入社投资，双方协议作价 5 000 元，会计分录为：

借：产品物资——材料　　　　　　　5 000 元
　贷：股金——某社员　　　　　　　5 000 元

【例8】蜂业合作社加工蜂蜜饮料，领用蜂蜜 1 000 千克，单价 15 元。会计分录为：

借：生产成本　　　　　　　　　　　15 000 元
　贷：产品物资——材料（蜂蜜）　　15 000 元

【例9】农民专业合作社出售材料一批，价格 10 000 元，已收银行。成本 9 000 元，会计分录为：

借：银行存款　　　　　　　　　　　10 000 元
　贷：经营收入　　　　　　　　　　10 000 元

期末，结转成本：

借：经营支出　　　　　　　　　　　9 000 元
　贷：产品物资　　　　　　　　　　9 000 元

2. 农产品的核算

农产品是指生物资产的收获品，其可直接对外出售，可再加工。农产品的成本，如果为一年生农作物，如稻谷、小麦、玉米等。则包括整个生产期间的各项实际支出，如种子、肥料、人工及相关费用等；如果为多年生植物，如葡萄等。在投产期之前，各项实际支出则计入农业资产阶值，投产之后，如明确收获农产品，相关费用则计入该期农产品的成本，否则，计入经营支出。

【例10】某水稻种植专业合作社，在一亩田一季水稻种植过程中，共花费种子 30 元，肥料 150 元，农药 60 元，人工 100 元，收获水稻 500 千克。会计分录为两步，投入时作分录：

借：生产成本　　　　　　　　　　　340 元

贷：产品物资　　　　　　　　　　　240 元

　　应付工资　　　　　　　　　　　100 元

收获入库后作分录：

借：产品物资——农产品　　　　　　340 元

贷：生产成本　　　　　　　　　　　340 元

【例 11】某葡萄专业合作社 2005 年栽种葡萄 10 亩，到 2006 年实际支出物资 60 000 元，工资 20 000 元，2006—2007 年生产周期实际支出物资 15 000 元，工资 5 000 元。2007 年 7 月开始收获，预计可正常产果 8 年。

投产之前的各项开支，计入农业资产的价值，会计分录为：

借：林木资产——葡萄树　　　　　　80 000 元

贷：产品物资　　　　　　　　　　　60 000 元

　　应付工资　　　　　　　　　　　20 000 元

2006—2007 年生产周期，各项开支记入产品成本，会计分录为：

借：生产成本　　　　　　　　　　　20 000 元

贷：产品物资　　　　　　　　　　　15 000 元

　　应付工资　　　　　　　　　　　5 000 元

2007 年收获葡萄 15 000 千克，摊销本年葡萄树价值，会计分录为：

借：产品物资——葡萄　　　　　　　20 000 元

贷：生产成本　　　　　　　　　　　20 000 元

摊销本年葡萄树的折旧 = 80 000 × (1 - 5%) ÷ 8 = 9 500 (元)。

借：经营支出　　　　　　　　　　　9 500 元

贷：林木资产——葡萄树　　　　　　9 500 元

销售农产品时，按已收或应收款借记"银行存款"、"应收款"，贷记"经营收入"科目，同时，按实际成本借记"经营支出"，贷记"产品物资"科目。

【例12】前例所收获的葡萄全部对外实现销售，销售价每斤8元，货款已全部收存银行。会计分录为：

借：银行存款　　　　　　　　　　120 000 元
　贷：经营收入　　　　　　　　　　120 000 元
　期末，结转成本：
借：经营支出　　　　　　　　　　20 000 元
　贷：产品物资　　　　　　　　　　20 000 元

3. 商品核算

商品是指农民专业合作社已完成全部生产过程并已验收入库，可以作为商品对外销售的产品以及外购或委托加工完成验收入库用于销售的各种商品。

（1）从事商品流通合作社商品物资的核算。农民专业合作社在商品到达验收入库后，按商品进价，借记"产品物资"，贷记"应付款"、"成员往来"、"银行存款"、"库存现金"等科目，发出商品后，结转成本，借记"经营支出"，贷记"产品物资"科目。

【例13】养鸡专业合作社到社员李义家收购山鸡一批，价格2 000元，价款尚未支付。会计分录为：

借：产品物资——山鸡　　　　　　2 000 元
　贷：成员往来——李义　　　　　　2 000 元
　同月，这批山鸡实现对外销售，计2 200元，款存银行。会计分录为：
借：银行存款　　　　　　　　　　2 200 元
　贷：经营收入　　　　　　　　　　2 200 元
　结转发出商品成本：
借：经营支出　　　　　　　　　　2 000 元
　贷：产品物资　　　　　　　　　　2 000 元

（2）加工型专业合作社商品物资的核算。从事加工生产的专业合作社，其商品物资主要指产成品。生产完成验收入库的产成品，按实际成本，借记"产品物资"科目，贷记"生产成本"等科目。专业合作社在销售产成品并结转成本时，借记"经营支出"，贷记"产品物资"科目。

【例14】蜂业专业合作社的生产车间将蜂蜜加工成饮料，当月共加工饮料10 000箱，实际单位成本72元，共计720 000元，会计分录为：

借：产品物资 720 000元

贷：生产成本 720 000元

同月，上例实现对外销售5 000箱，每箱售价120元，会计分录为：

借：银行存款 600 000元

贷：经营收入 600 000元

月底，结转发出商品的成本：

借：经营支出 360 000元

贷：产品物资 360 000元

（二）委托业务的核算

1. 委托加工物资的核算

专业合作社发给外单位加工的物资，按实际成本。借记"委托加工物资"科目，贷记"产品物资"等科目。专业合作社支付的加工费用、应负担的运杂费等，借记"委托加工物资"科目，贷记"银行存款"等科目；加工完成验收入库，按收回物资的实际成本和剩余物资的实际成本，借记"产品物资"等科目。

【例15】蜂业专业合作社加工蜂蜜饮料，委托外单位进行灌装，发出半成品甲材料50 000元，辅助材料乙10 000元，应负担加工费用5 000元，运输费用1 000元。

（1）发出委托加工物资。

借：委托加工物资　　　　　　　　60 000 元

贷：产品物资——甲材料　　　　　50 000 元

　　　　　　——乙材料　　　　　10 000 元

（2）支付加工费用。

借：委托加工物资　　　　　　　　5 000 元

贷：银行存款　　　　　　　　　　5 000 元

（3）支付运杂费。

借：委托加工物资　　　　　　　　1 000 元

贷：银行存款　　　　　　　　　　1 000 元

（4）收回委托加工物资以备对外销售。

借：产品物资　　　　　　　　　　66 000 元

贷：委托加工物资　　　　　　　　66 000 元

2. 委托代销商品的核算

专业合作社发给外单位销售的商品，按委托代销商品的实际成本。借记本科目，贷记"产品物资"等科目。收到代销单位报来的代销清单时，按应收金额，借记"应收款"科目，按应确认的收入，贷记"经营收入"科目；按应支付的手续费等，借记"经营支出"科目，贷记"应收款"科目；同时，按代销商品的实际成本（或售价），借记"经营支出"等科目，贷记本科目；收到代销款时，借记"银行存款"等科目，贷记"应收款"科目。

【例16】某禽业专业合作社委托中旺超市销售 500 箱鸡蛋。每箱鸡蛋成本为 40 元，零售价每箱 50 元。协议按销售收入的 5% 作为手续费。

发出 500 箱鸡蛋时，会计分录为：

借：委托代销商品　　　　　　　　20 000 元

贷：产品物资　　　　　　　　　　20 000 元

收到已销售 500 箱鸡蛋的清单时：

借：应收款——中旺超市   25 000 元

贷：经营收入   25 000 元

结转成本时：

借：经营支出   20 000 元

贷：委托代销商品   20 000 元

提取手续费用时：

借：经营支出   1 250 元

贷：应收款——中旺超市   1 250 元

实际收到销售款时：

借：银行存款   23 750 元

贷：应收款——中旺超市   23 750 元

3. 受托代销商品的核算

专业合作社收到委托代销商品时，按合同或协议约定的价格，借记本科目，贷记"成员往来"、"应付款"等科目。专业合作社售出受托代销商品时，按实际收到的价款，借记"银行存款"、"应收款"等科目，按合同或协议约定的价格，贷记本科目，如果实际收到的价款大于合同或协议约定的价格，按其差额，贷记"经营收入"等科目；如果实际收到的价款小于合同或协议约定的价格，按其差额，借记"经营支出"等科目。

【例17】生姜专业合作社接受本社社员李义委托代销生姜 2 000 千克，协议每千克 2.40 元，货物售出后结清。专业合作社当月实现对外销售，每千克 2.60 元，货款已收存银行。用现金结清往来。会计分录如下：

收到委托代销产品时：

借：受托代销商品   4 800 元

贷：成员往来——李义   4 800 元

售出商品时：

借：银行存款   5 200 元

 贷：受托代销商品   4 800 元

   经营收入   400 元

如因市场行情发生变化，市场价每千克 2.30 元，产品售出，则：

借：经营支出   200 元

   银行存款   4 600 元

 贷：受托代销商品   4 800 元

4. 受托代购商品的核算

专业合作社收到受托代购商品款时，借记"库存现金"、"银行存款"等科目，贷记"成员往来"、"应付款"等科目。

专业合作社受托采购商品时，按实际支付的价款，借记本科目，贷记"库存现金"、"银行存款"、"应付款"等科目。专业合作社将受托代购商品交付给委托方时，按代购商品的实际成本，借记"成员往来"、"应付款"等科目，贷记本科目；如果受托代购商品收取手续费，按应收取的手续费，借记"成员往来"、"应收款"等科目，贷记"经营收入"科目。收到手续费时，借记"库存现金"、"银行存款"等科目，贷记"成员往来"、"应收款"等科目。

【例18】生猪专业合作社接受本社成员兴旺生猪公司委托，当月用银行存款统一购买饲料 5 000 千克，成本每千克 1.40 元，并将饲料交付兴旺公司。会计分录为：

（1）接受委托购买，收到银行存款 7 500 元。

借：银行存款   7 500 元

 贷：成员往来——兴旺公司 7 500 元

（2）购买饲料。

借：受托代购商品   7 000 元

 贷：银行存款   7 000 元

（3）交付委托方时，并结清款项。

借：成员往来——兴旺公司　　　　　　7 500 元

贷：受托代购商品　　　　　　　　　　7 000 元

库存现金　　　　　　　　　　　　500 元

如果协议手续费为商品总价的 2%，7 000 × 2% = 140（元），则：

借：成员往来　　　　　　　　　　　　7 500 元

贷：受托代购商品　　　　　　　　　　7 000 元

经营收入　　　　　　　　　　　　140 元

库存现金　　　　　　　　　　　　360 元

（三）农业资产的核算

1. 农业资产的计价

专业合作社农业资产价值构成与其他资产的价值构成有明显差别，主要体现在生物的成长期间增加了农业资产价值。农业资产一般按以下 3 种方法计价。

（1）原始价值。指购入农业资产的买价及相关税费的总额，是实际发生并有支付凭证的支出。如果是自产幼畜，则为相关期间的生产成本。

（2）饲养价值、管护价值和培植价值。饲养价值是指幼畜及育肥畜成龄前发生的饲养费用；管护价值是指经济林木投产后发生的管护费用；培植价值是指经济林木投产前及非经济林木郁闭前发生的培植费用。

（3）摊余价值。指农业资产的原始价值加饲养价值或培植价值减去农业资产的累计摊销后的余额。摊余价值反映农业资产的现有价值。

农业资产具有特殊的生物性，其价值随着生物的出生、成长、衰老、死亡等自然规律和生产经营活动不断变化。适应这一特点，专业合作社会计制度规定了农业资产的以下计价原则。

①购入的农业资产按照买价及相关的税费等计价；

②幼畜及育肥畜的饲养费用、经济林木投产前的管护费用和非经济林木郁闭前的培植费用按实际成本计价；

③产役畜、经济林木投产后，应将其成本扣除预计残值后的部分在其正常生产周期内按直线法分期摊销，预计净残值率按照其成本的5%确定；

④已提足折耗但未处理仍然继续使用的产役畜、经济林木不再摊销；

⑤农业资产死亡毁损时，按规定程序批准后，依实际成本扣除应由责任人或者保险公司赔偿的金额后的余额，计入其他支出。

2. 牲畜（禽）资产的核算

牲畜（禽）资产是指专业合作社农业资产中的动物资产。主要有幼畜及育肥畜、产畜及役畜等（包括特种水产）。为全面反映和监督专业合作社牲畜（禽）资产的情况，专业合作社应设置"牲畜（禽）资产"账户进行核算。该账户的借方登记因自产、购买、接受投资、接受捐赠等原因而增加的牲畜（禽）资产的成本，以及幼畜及育肥畜的饲养费用；贷方登记因出售、对外投资、死亡毁损等原因而减产的牲畜（禽）资产的成本，以及产役畜的成本摊销；期末余额在借方，反映专业合作社幼畜及育肥畜和产役畜的账面余额。本账户应设置"幼畜及育肥畜"、"产役畜"两个二级账户，并按牲畜（禽）的种类设置明细账户，进行明细核算。

（1）牲畜（禽）资产增加的核算。

①购入的牲畜（禽）资产：

【例19】某奶牛专业合作社2014年1月赊购幼牛5头，每头幼牛600元。

借：牲畜（禽）资产—幼畜及育肥畜—幼畜—牛　　3 000元

贷：应付款——×××　　　　　　　　　　　　3 000 元

②投资者投入的牲畜（禽）资产：

【例20】某奶牛专业合作社 2014 年 2 月接受经典乳业集团公司投资投入的奶牛 6 头，双方协议确定，每头牛定价为 4 000 元，预计仍可产奶 8 年。

借：牲畜（禽）资产—产役畜—产畜—奶牛　　　24 000 元

贷：股金——经典乳业集团公司　　　　　　　24 000 元

③接受捐赠的牲畜（禽）资产：

【例21】某养羊专业合作社 2014 年 3 月收到南山牧场捐赠已经产毛的绵羊 10 只，所附发票列明价格为 5 000 元，预计仍可产羊毛 5 年。

借：牲畜（禽）资产—产役畜—产畜—羊　　　　5 000 元

贷：专项基金　　　　　　　　　　　　　　　5 000 元

④自产的牲畜（禽）资产：

【例22】生猪专业合作社饲养母猪 2014 年 2 月产仔 10 头。其整个生产期间饲养工资 200 元，饲料费用 600 元。新生产小猪防疫等费用 500 元，已现金支付。做两笔会计分录为：

借：经营支出　　　　　　　　　　　　　　　800 元

贷：产品物资　　　　　　　　　　　　　　　600 元

　　应付工资　　　　　　　　　　　　　　　200 元

借：牲畜（禽）资产—幼畜—猪　　　　　　　　500 元

贷：库存现金　　　　　　　　　　　　　　　500 元

（2）牲畜（禽）资产饲养费用的核算。

《合作社财务会计制度》规定，牲畜（禽）资产的饲养费用要区分以下两种处理方法：一是幼畜及育肥畜的饲养费用资本化，增加牲畜（禽）资产价值；二是产役畜的饲养费用作为当期费用，记入经营支出。

①幼畜及育肥畜的饲养费用：

【例23】专业合作社 2014 年 1 月饲养幼牛费用如下：应付养牛人员工资 2 400 元，喂牛用饲料 3 600 元。

借：牲畜（禽）资产—幼畜及育肥畜—幼畜—牛　　6 000 元

贷：应付工资　　　　　　　　　　　　　　　　2 400 元

产品物资—饲料　　　　　　　　　　　　　3 600 元

②产役畜的饲养费用：

【例24】奶牛专业合作社 2014 年 2 月发生奶牛饲养工资 2 000 元，饲料 5 000 元，其他费用 1 000 元，其他费用已用现金支付。

借：经营支出　　　　　　　　　　　　　　　　　8 000 元

贷：应付工资　　　　　　　　　　　　　　　　2 000 元

产品物资—饲料　　　　　　　　　　　　　5 000 元

库存现金　　　　　　　　　　　　　　　　1 000 元

（3）牲畜（禽）资产转换的核算。

现行制度规定，幼畜成龄前，确定为牲畜（禽）资产中的幼畜及育肥畜；幼畜成龄后，要转为牲畜（禽）资产中的产役畜，通过"牲畜（禽）资产"账户进行明细核算。

【例25】2014 年 1 月 30 日，养牛专业合作社 10 头幼牛已成龄，转为役畜，预计可使用 10 年，幼牛买价 6 000 元，饲养费用 6 000 元。

幼牛的成本 = 6 000 + 6 000 = 12 000（元）

借：牲畜（禽）资产—产役畜—役畜—牛　　　12 000 元

贷：牲畜（禽）资产—幼畜及育肥畜—幼畜—牛　12 000 元

幼畜转为产役畜后发生的饲养费用，不再资本化，作为当期费用。

（4）产役畜成本摊销的核算。

专业合作社产役畜的成本扣除预计残值后的部分，应在其正常生产周期内按直线法摊销，预计净残值率按照产役畜成本的5%确定。

【例26】2014年2月，专业合作社开始摊销成龄奶牛的成本，此时奶牛成本12 000元，预计可使用8年。

奶牛成本的月摊销额计算：

每年应摊销的金额＝12 000×（1－5%）÷8＝1 425（元）

每月应摊销的金额＝1 425÷12＝118.75（元）

借：经营支出　　　　　　　　　　　　　　118.75元

贷：牲畜（禽）资产—产役畜—产畜—奶牛　118.75元

（5）牲畜（禽）资产处置的核算。

①牲畜（禽）资产出售的核算：

【例27】2014年1月专业合作社将育成的50头仔猪出售给昌都肉品厂，每头售价500元，货款暂欠，该批仔猪购买成本10 000元，饲养费用12 000元。

借：应收款—昌都肉品厂　　　　　　　　　25 000元

贷：经营收入　　　　　　　　　　　　　　25 000元

同时，结转成本：

育肥畜（猪）的成本＝10 000＋12 000＝22 000（元）

借：经营支出　　　　　　　　　　　　　　22 000元

贷：牲畜（禽）资产—幼畜及育肥畜—育肥畜—猪

22 000元

②牲畜（禽）资产对外投资的核算：

【例28】2014年2月1日，专业合作社用10头役牛向阳光生态旅游区投资，双方已协商同意并签订了合同，该批役牛是2014年1月1日由幼畜转役畜，成本12 000元，预计可使用8年。

首先计算投资时10头役牛的账面价值：

每年应摊销的金额＝12 000×（1－5%）÷8＝1 425（元）

每月应摊销的金额 = 1 425 ÷ 12 = 118.75（元）

役牛成本 = 12 000 - 118.75 = 11 881.25（元）

a. 若双方协议每头役牛 1 300 元，则：

借：对外投资——阳光生态旅游区 　　　　　　　 13 000 元

贷：牲畜（禽）资产——产役畜——役畜——牛 　 11 881.25 元

　　资本公积 　　　　　　　　　　　　　　　 1 118.75 元

b. 若双方协议每头牛 1 100 元，则：

借：对外投资——阳光生态旅游区 　　　　　　　 11 000 元

　　资本公积 　　　　　　　　　　　　　　　　 881.25 元

贷：牲畜（禽）资产——产役畜——役畜——牛 　 11 881.25 元

c. 若双方协议役牛的价格为 11 881.25 元，则：

借：对外投资——阳光生态旅游区 　　　　　　　 11 881.25 元

贷：牲畜（禽）资产——产役畜——役畜——牛 　 11 881.25 元

③牲畜（禽）资产死亡毁损的核算：

【例29】某生猪专业合作社因饲养人员疏忽，致使一头母猪死亡，母猪账面价值为 1 500 元，按规定保险公司赔偿 700 元，经批准，由饲养人员赔偿 400 元，其他列支出。作两笔会计分录：

借：应收款——保险公司 　　　　　　　　　　　 700 元

　　成员往来——饲养人 　　　　　　　　　　　 400 元

　　其他支出 　　　　　　　　　　　　　　　　 400 元

贷：牲畜资产——产役畜——猪 　　　　　　　 1 500 元

收到保险公司赔付款项时：

借：银行存款 　　　　　　　　　　　　　　　　 700 元

贷：应收款——保险公司 　　　　　　　　　　　 700 元

3. 林木资产的核算

林木资产是指专业合作社农业资产中的植物资产，主要包括经济林木和非经济林木，其会计核算与牲畜（禽）资产的会计核算基本相似。

为全面反映和监督专业合作社林木资产的情况，专业合作社应设置"林木资产"账户进行核算。该账户的借方登记因购买、营造、接受捐赠等原因而增加的林木资产的成本以及经济林木投产前、非经济林木郁闭前的培植费用；贷方登记因出售、对外投资、死亡毁损等原因而减产的林木资产的成本以及经济林木的成本摊销；期末余额在借方，反映专业合作社购入或营造的林木资产的账面余额。本账户应设置"经济林木"、"非经济林木"两个二级账户，并按林木的种类设置明细账户，进行明细核算。

现行制度规定，购入或营造的经济林木投产前、非经济林木郁闭前发生的培植费用，予以资本化，增加受益林木资产的成本价值；专业合作社经济林木投产之后发生的管护费用，按收入费用配比原则，不再记入"林木资产"账户，而是记入"经营支出"账户借方，同时，记入"应付工资"、"产品物资"等账户贷方。非经济林木郁闭后发生的管护费用，为避免过度资本化积累风险，记入"其他支出"借方。

专业合作社的经济林木投产后，其成本扣除预计残值后的部分应在其正常生产周期内按直线法摊销，预计净残值率按照经济林木成本的5%确定。当期摊销的金额记入"经营支出"账户借方，同时，记入"林木资产"账户的贷方。非经济林木不进行摊销。

四、固定资产的核算

专业合作社的固定资产，不论采用哪种折旧方法、按哪种折旧率计提折旧，到月末或季末、年末，都应该按其用途和使用地点，计入有关的支出项目，以便使固定资产损耗价值得到及时补偿。专业合作社生产经营用固定资产计提的折旧，记入"生产成本"科目；管理用固定资产计提的折旧，记入"管理费用"科目；公益性用途等固定资产计提的折旧，记入"其他支出"科目。借记"生产成本"、"管理费用"、"其他支出"科目，贷记"累计折旧"科目。

【例30】专业合作社本年应计提固定资产折旧29 600元，其中，生产经营用固定资产折旧2 1600元，管理用固定资产折旧3 000元，公益性固定资产折旧5 000元。

借：生产成本 21 600元

管理费用 3 000元

其他支出 5 000元

贷：累计折旧 29 600元

第二节 负债的管理与会计核算

一、负债的管理

专业合作社的负债是指专业合作社因过去的交易、事项形成的现时义务，履行该义务预期会导致经济利益流出专业合作社。

它具有以下特征：①负债是由于过去的交易或事项形成的；②负债的清偿会导致经济利益流出。

专业合作社的负债按流动性可分为流动负债和长期负债。流动负债是指偿还期限在一年以内（含一年）的债务，主要包括短期借款、应付款项、应付工资、应付盈余返还、应付剩余盈余等。长期负债是指偿还期限在一年以上（不含一年）的债务，主要包括专项应付款、长期借款等。

流动负债是指偿还期限在一年以内（含一年）的债务，包括短期借款、应付款项、应付工资、应付盈余返还、应付剩余盈余等。流动负债一般具有数额较小、偿还期限较短、债务利息较少甚至没有的特点。

二、负债的核算

(一) 短期借款的核算

【例31】专业合作社向信用社贷款10 000元，办完贷款手续后直接领取了现金。贷款合同约定，贷款期限为6个月，贷款年利率为5.7%。

借：库存现金　　　　　　　　　　　10 000元

贷：短期借款——信用社　　　　　　10 000元

接上例，6个月到期时，专业合作社用银行存款偿还该项贷款本息。

利息金额为10 000 × 5.7% × (6 ÷ 12) = 285元。会计分录为：

借：短期借款　　　　　　　　　　　10 000元

　　其他支出　　　　　　　　　　　　 285元

贷：银行存款　　　　　　　　　　　10 285元

(二) 应付盈余返还的核算

应付盈余返还是指专业合作社可分配盈余中应返还给成员的金额。可分配盈余是指专业合作社在弥补亏损、提取公积金后的当年盈余。现行财会制度规定，应付盈余返还按成员与本社交易量（额）比例返还给成员的金额，返还给成员的盈余总额不得低于可分配盈余的60%，具体返还办法按照专业合作社章程规定或者经成员大会决议确定。

【例32】2007年年末，专业合作社将弥补亏损、提取公积金后的当年可分配盈余100 000元按章程规定进行分配。专业合作社章程规定，每个会计年度内，将实现可分配盈余的80%返还给成员；返还时，以每个成员与本社的交易额占全部成员与本社交易总额的比重为依据。根据成员账户记载，当年成员与本社的交易总额为 500 000 元，其中，甲、乙、丙、丁 4 个成员的交易额分别为 20 000 元、30 000 元、50 000 元、60 000 元。

专业合作社按规定返还盈余时：

第一步，计算出当年可分配盈余中应返还给与本社有交易的成员的金额：

100 000 × 80% = 80 000（元）

第二步，计算出每个成员的交易额占全部成员与本社交易总额的比重：

甲：20 000 ÷ 500 000 × 100% = 4%

乙：30 000 ÷ 500 000 × 100% = 6%

丙：50 000 ÷ 500 000 × 100% = 10%

丁：60 000 ÷ 500 000 × 100% = 12%

第三步，计算出应返还给与本社有交易的成员的可分配盈余金额：

甲：80 000 × 4% = 3 200（元）

乙：80 000 × 6% = 4 800（元）

丙：80 000 × 10% = 8 000（元）

丁：80 000 × 12% = 9 600（元）

第四步，依据盈余返还作相应会计分录：

借：盈余分配—各项分配　　　　　　　80 000 元

贷：应付盈余返还—甲　　　　　　　　3 200 元

　　　　　　　　—乙　　　　　　　　4 800 元

　　　　　　　　—丙　　　　　　　　8 000 元

　　　　　　　　—丁　　　　　　　　9 600 元

　　　　　　　……　　　　　　　　（54 400 元）

专业合作社兑现返还的盈余时：

借：应付盈余返还—甲　　　　　　　　3 200 元

—乙　　　　　　　　4 800 元

—丙　　　　　　　　8 000 元

—丁　　　　　　　　9 600 元

……　　　　　　　（54 400 元）

贷：库存现金　　　　　　　80 000 元

（三）应付剩余盈余的核算

应付剩余盈余指按成员与本社交易量（额）比例返还给成员的可分配盈余后，应付给成员的可分配盈余的剩余部分。这部分可分配盈余在分配时，不再区分成员是否与本社有交易量（额），对成员一视同仁，人人有份，平均受益。专业合作社财会制度规定，应付剩余盈余以成员账户中记载的出资额和公积金份额以及本社接受国家财政直接补助和他人捐赠形成的财产平均量化到成员的份额，按比例分配给本社成员。

【例33】接上期例，专业合作社将当年可分配盈余100 000元的80%，按成员与本社的交易额返还给成员，剩余的20%按章程规定，全部对成员进行分配。当年末，专业合作社所有者权益总额为600 000元，其中，股本500 000元，专项基金50 000元。公积金50 000元（包括资本公积和盈余公积）。成员甲个人账户记载的出资额为10 000元、专项基金1 000元、公积金7 000元；与专业合作社没有交易的成员戊个人账户记载的出资额为10 000元、专项基金1 000元、公积金1 000元。

专业合作社分配剩余盈余时

第一步，计算出每个成员个人账户记载的出资额、专项基金、公积金占这3项总额的份额：

成员甲：（10 000 + 10 00 + 7 000）÷（500 000 + 50 000 + 50 000）×100% = 3%

成员戊：（10 000 + 1 000 + 1 000）÷（500 000 + 50 000 + 50 000）×100% = 2%

第二步，计算出每个成员应分配的剩余盈余金额：

成员甲：100 000×20%×3%=600（元）

成员戊：100 000×20%×2%=400（元）

第三步，做出分配剩余盈余的会计分录：

借：盈余分配—各项分配　　　　　　20 000 元

　　贷：应付剩余盈余—甲　　　　　　600 元

　　　……　　　　　　　　　　（19 000 元）

　　　—戊　　　　　　　　　　　400 元

第四步，专业合作社兑现应付剩余盈余时：

借：应付剩余盈余—甲　　　　　　　600 元

　　……　　　　　　　　　　　（19 000 元）

　　—戊　　　　　　　　　　　　400 元

贷：库存现金　　　　　　　　　　20 000 元

（四）长期借款

【例34】2007 年 7 月 1 日，专业合作社向信用社贷款 20 000 元，并已到户。贷款合同约定借款期限为 2 年，年利率为 6%，每年末偿还一次利息，到期时偿还本金和剩余利息。

借：银行存款　　　　　　　　　　20 000 元

　　贷：长期借款—信用社　　　　　20 000 元

2007 年末计提信用社贷款利息：

计算该项长期贷款利息：20000×6%×（6÷12）=600（元）

借：其他支出　　　　　　　　　　600 元

　　贷：应付款　　　　　　　　　　600 元

2007 年 12 月 31 日，专业合作社按贷款合同约定支付信用社贷款利息

借：应付款　　　　　　　　　　　600 元

　　贷：银行存款　　　　　　　　　600 元

待到 2009 年 6 月 30 日时，专业合作社归还贷款本金及利息

借：长期借款——信用社 　　　　　　　　20 000 元

其他支出 　　　　　　　　　　　　　　　　600 元

贷：银行存款 　　　　　　　　　　　　20 600 元

（五）专项应付款

专项应付款的内容

专项应付款是指专业合作社接受国家财政直接补助的资金。这部分资金具有专门用途，主要是扶持引导专业合作社发展，支持专业合作社开展信息、培训、农产品质量标准与论证、农业生产基础设施建设、市场营销和技术推广等服务。

【例 35】专业合作社收到国家财政直接补助资金 150 000 元。

借：银行存款 　　　　　　　　　　　150 000 元

贷：专项应付款 　　　　　　　　　　150 000 元

【例 36】专业合作社用财政补助资金支付成员考察学习费用 25 000 元。

借：专项应付款 　　　　　　　　　　　25 000 元

贷：银行存款 　　　　　　　　　　　　25 000 元

【例 37】专业合作社按规定用财政补助资金购买专用设备，支付设备款 50 000 元。

借：固定资产 　　　　　　　　　　　　50 000 元

贷：银行存款 　　　　　　　　　　　　50 000 元

借：专项应付款 　　　　　　　　　　　50 000 元

贷：专项基金 　　　　　　　　　　　　50 000 元

第三节　所有者权益的会计核算

所有者权益是专业合作社及其成员在专业合作社资产中享有的经济利益，其金额为专业合作社全部资产减去全部负债后的余

额。专业合作社的所有者权益包括股金、专项基金、资本公积、盈余公积和未分配盈余。

一、股金的核算

股金是专业合作社成员实际投入专业合作社的各种资产的价值。它是进行生产经营活动的前提，也是专业合作社成员分享权益和承担义务的依据。

（1）专业合作社收到成员以货币资金投入的股金，按实际收到的金额，借记"库存现金"、"银行存款"科目，按成员应享有专业合作社注册资本的份额计算的金额，贷记本科目，按两者之间的差额，贷记"资本公积"科目。

【例38】根据专业合作社和某外单位签订的投资协议，该单位向专业合作社投资25 000元，款存银行。协议约定入股份额占专业合作社股份的20%，专业合作社原有股金60 000元。

该单位投入到专业合作社的资金25 000元中，能够作为股金入账的数额是：60 000×20% = 12 000元，其余的13 000元，只能作为股金溢价，记入"资本公积"账户。会计分录为：

借：银行存款　　　　　　　　　　　25 000元

贷：股金—法人股金　　　　　　　　12 000元

资本公积　　　　　　　　　　　　13 000元

（2）专业合作社收到成员投资入股的非货币资产，按投资评估价格或各方确认的价值，借记"产品物资"、"固定资产"、"无形资产"等科目，贷记本科目，按成员应享有专业合作社注册资本的份额计算的金额，贷记本科目，按两者之间的差额，贷记或借记"资本公积"科目。

【例39】专业合作社收到成员投入材料一批。评估确认价13 000元。

借：产品物资—××材料　　　　　　13 000元

贷：股金—个人股金   13 000 元

（3）专业合作社按照法定程序减少注册资本或成员退股时，借记本科目，贷记"库存现金"、"银行存款"、"固定资产"、"产品物资"等科目，并在有关明细账及备查簿中详细记录股金发生的变动情况。

【例40】专业合作社付给某农户退股 5 000 元。其中：库存现金支付 1 000 元，从开户行存款支付 4 000 元。

借：股金—个人股金   5 000 元

贷：现金   1 000 元

  银行存款   4 000 元

【例41】专业合作社退出成员投入的材料一批，评估确认价 3 000 元。

借：股金—个人股金   3 000 元

贷：产品物资—××材料   3 000 元

二、专项基金的核算

专项基金是专业合作社通过国家财政直接补助转入和他人捐赠形成的专用基金。

（1）专业合作社使用国家财政直接补助资金取得固定资产、农业资产和无形资产等时，按实际使用国家财政直接补助资金的数额，借记"专项应付款"科目，贷记本科目。

【例42】专业合作社使用国家财政专项补助 50 000 元建成水果保鲜库房一间，全部支出总计 50 000 元，工程验收完成交付使用。会计分录为：

借：固定资产   50 000 元

贷：在建工程   50 000 元

借：专项应付款   50 000 元

贷：专项基金   50 000 元

（2）专业合作社实际收到他人捐赠的货币资金时，借记"库存现金"、"银行存款"科目，贷记本科目。

【例43】专业合作社收到县农业局干部职工捐赠现金8 000元。会计分录为：

借：库存现金 　　　　　　　　　　8 000元

贷：专项基金 　　　　　　　　　　8 000元

（3）专业合作社收到他人捐赠的非货币资产时，按照所附发票记载金额加上应支付的相关税费，借记"固定资产"、"产品物资"等科目，贷记本科目；无所附发票的，按照经过批准的评估价值，借记"固定资产"、"产品物资"等科目，贷记本科目。

【例44】专业合作社收到兴旺集团捐赠水果分离机一台，发票价12 000元。会计分录为：

借：固定资产—水果分离机 　　　　12 000元

贷：专项基金—捐赠资金 　　　　　12 000元

三、资本公积的核算

资本公积是专业合作社收到成员入社投入的资产和其他来源取得的用于扩大生产经营、承担经营风险及集体公益事业的专用基金。专业合作社收到成员入社投入的资产，双方确认的价值与按享有专业合作社注册股金份额计算的金额之差额，计入资本公积；对外投资中，资产重估确认价值与原账面净值的差额计入资本公积。

（1）专业合作社成员入社投入货币资金的核算。专业合作社成员入社的时间有先有后，因此，投入的资金的份额也是有差异的。专业合作社成员入社投入货币资金时，借记"库存现金"、"银行存款"，贷记"股金"科目，按两者之间的差额，贷记或借记本科目。

【例45】专业合作社收到成员梁某入社投入库存现金 5 000 元，存款转入 10 000 元，协议约定入股份额为 14 000 元。会计分录为：

借：库存现金 5 000 元

银行存款 10 000 元

贷：股金——个人股金 14 000 元

资本公积 1 000 元

（2）专业合作社成员入社投入实物资产时，按实际投资各方确认的价值，借记"固定资产"、"产品物资"等科目，按其应享有专业合作社注册资本的份额计算的金额，贷记"股金"科目，按两者之间的差额，贷记或借记本科目。

（3）专业合作社以实物资产方式进行长期投资时，按照投资各方确认的价值，借记"对外投资"科目，按投出实物资产的账面价值，贷记"固定资产"、"产品物资"等科目，按两者之间的差额，借记或贷记本科目。

（4）资本公积转增股金的核算。专业合作社经批准以资本公积转增股金时，借记"资本公积"账户，贷记"股金"账户。

四、盈余公积的核算

专业合作社从当年盈余中按一定比例提取盈余公积。盈余公积是专业合作社的公共积累。根据章程规定和经成员大会讨论决定，盈余公积可用于转增股金，弥补亏损等。

（一）专业合作社从本年盈余中提取盈余公积的核算

专业合作社年终进行盈余分配时，应按一定比例从本年盈余中提取盈余公积。专业合作社年终从本年盈余中提取盈余公积时，借记"盈余分配——各项分配"账户。贷记"盈余公积"账户。

【例46】年终，专业合作社从当年盈余中提取盈余公积

15 000 元。会计分录为：

借：盈余分配—各项分配 15 000 元

贷：盈余公积 15 000 元

（二）专业合作社以盈余公积转增股金的核算

专业合作社用盈余公积中的公积金转增股金或弥补亏损等时，借记本科目，贷记"股金"、"盈余分配"等科目。

第四节　收入、成本、支出、盈余的管理与会计核算

一、收入

（一）收入的内容及确认

1. 收入的含义

收入是农民专业合作社在一定会计期间内的日常经营及相关活动中形成的经济利益的总流入。根据收入的不同来源渠道，收入可分为经营性收入和非经营性收入。

（1）经营性收入，是指农民专业合作社在日常经营活动中取得的收入，具体包括各种经营活动的收入。

（2）非经营性收入，是指农民专业合作社取得的与经营管理无直接关系的收入，包括政府补助收入和其他收入。

2. 各项收入的确认原则

（1）经营收入，是指农民专业合作社进行各项生产、服务等经营活动所取得的收入，具体包括产品物资销售收入、出租收入、劳务收入等。

经营收入应当于产品物资已经发出或劳务已经提供，同时，收讫价款或取得收取价款的凭证时，予以确认。

（2）补助收入，是指农民专业合作社获得的财政等有关部门的补助资金。随着农业税以及农业税附加的逐步取消，农民专

业合作社从各级财政部门取得的补助收入会越来越多。

农民专业合作社应于实际收到上级有关部门的补助款或取得有关收取款项的凭证时，确认补助收入的实现。

（3）其他收入，是指农民专业合作社除上述各项收入以外的收入，包括罚款收入、存款利息收入、产品物资盘盈收入、固定资产盘盈收入、固定资产清理净收益、确实无法支付的应付款项、确实无法偿还的长期借款等。

农民专业合作社应当于实际收讫罚款、利息等款项时，或者在固定资产、产品物资实际盘盈时确认其他收入的实现。

（二）经营收入的核算

1. 设置核算账户

设置"经营收入"账户进行总分类核算，核算农民专业合作社当年发生的各项经营收入。该账户的借方登记销售退回金额及结转本年收益账户的金额；贷方登记本年实现的各项经营收入。平时各月的贷方余额反映到当月为止，农民专业合作社已经实现经营收入的累计数额；年终时，应将本账户的余额转入"本年收益"科目的贷方，结转后本科目应无余额。

本账户应按经营项目设置"农产品销售收入"、"农业资产销售收入"、"物资销售收入"、"租赁收入"、"服务收入"、"劳务收入"等明细账户，进行明细核算。

2. 经营收入的账务处理实务

【例47】经典专业合作社有关经营收入的经济业务及账务处理如下：

（1）销售小麦50吨，每吨售价700元，款项已经收存银行。该批小麦的实际成本为20 000元。

①实现收入时，会计分录如下：

借：银行存款　　　　　　　　　　　　　　　　35 000元

贷：经营收入—农产品销售收入—小麦　　　　35 000元

②同时结转小麦的成本时，会计分录如下：

借：经营支出—农产品销售支出—小麦　　　　20 000 元

贷：产品物资—农产品—小麦　　　　　　　　20 000 元

（2）将自己育成的 50 头猪出售给市肉联厂，每头售价 500 元，货款尚未收到。这批猪的成本为每头 300 元，共计 15 000 元。

①实现销售，会计分录如下：

借：应收款—市肉联厂　　　　　　　　　　25 000 元

贷：经营收入—农业资产销售收入—猪　　　25 000 元

②同时，结转猪的成本，会计分录如下：

借：经营支出—农业资产销售支出—猪　　　15 000 元

贷：牲畜（禽）资产—幼畜及育肥畜—猪　　15 000 元

（3）将库存的多余化肥 5 吨销售出去，价款为 3 800 元。这批化肥的实际成本为 3 750 元。

①实现收入。会计分录如下：

借：银行存款　　　　　　　　　　　　　　　3 800 元

贷：经营收入—物资销售收入—化肥　　　　　3 800 元

②同时，结转化肥的成本。会计分录如下：

借：经营支出—物资销售支出—化肥　　　　　3 750 元

贷：产品物资—化肥　　　　　　　　　　　　3 750 元

（4）将收割机临时出租给邻村用于收割小麦，取得租金收入 10 000 元已存入银行。会计分录如下：

借：银行存款　　　　　　　　　　　　　　10 000 元

贷：经营收入—租赁收入—收割机　　　　　10 000 元

（5）为农户提供灌溉服务，取得现金收入 3 000 元。会计分录如下：

借：现金　　　　　　　　　　　　　　　　　3 000 元

贷：经营收入—服务收入　　　　　　　　　　3 000 元

（6）对外提供劳务服务，共收取劳务费 5 000 元。会计分录如下：

借：现金　　　　　　　　　　　　　　　　 5 000 元

贷：经营收入—劳务收入　　　　　　　　　 5 000 元

（7）年终将"经营收入"账户的余额 890 000 元结转到"本年收益"账户。会计分录如下：

借：经营收入　　　　　　　　　　　　　　 890 000 元

贷：本年收益　　　　　　　　　　　　　　 890 000 元

（三）其他收入的核算

1. 设置核算账户

设置"其他收入"账户进行总分类核算，核算农民专业合作社当年发生的除经营收入之外的其他各种收入。该账户的借方登记结转"本年收益"账户的金额；贷方登记本年取得的罚款收入、存款利息收入、产品物资盘盈收入、固定资产盘盈收入、固定资产清理净收益以及确实无法支付的应付款项、确实无法偿还的长期借款等。平时各月的贷方余额反映到当月为止，农民专业合作社其他收入的累计数额；年终时，应将本账户的余额转入"本年收益"科目的贷方，结转后本科目应无余额。

该账户应当按其他收入的种类设置明细账进行明细核算。

2. 其他收入的账务处理实务

【例48】经典专业合作社发生的有关其他收入的经济业务及账务处理如下：

（1）村民章都因损坏公共设施，被村里罚款 300 元。

①决定罚款时，会计分录如下：

借：成员往来—章都　　　　　　　　　　　 300 元

贷：其他收入—罚款收入　　　　　　　　　 300 元

②收到章都交来的现金。会计分录如下：

借：现金　　　　　　　　　　　　　　　　 300 元

贷：成员往来—章都　　　　　　　　　　　　　300元

　　（2）接到银行通知，本季度的存款利息500元已经到账。会计分录如下：

　　借：银行存款　　　　　　　　　　　　　　　　500元

　　贷：其他收入—存款利息收入　　　　　　　　　500元

　　（3）在财产清查中，盘盈化肥2袋，估价100元；盘盈八成新电焊机一台，完全重置价格为800元。会计分录如下：

　　借：产品物资—化肥　　　　　　　　　　　　　100元

　　　　固定资产—电焊机　　　　　　　　　　　　800元

　　贷：累计折旧　　　　　　　　　　　　　　　　160元

　　　　其他收入—盘盈收入　　　　　　　　　　　740元

　　（4）有一笔应付给外单位的货款1 000元，因该单位破产而无法支付，经批准转为其他收入。会计分录如下：

　　借：应付款—某单位　　　　　　　　　　　　1 000元

　　贷：其他收入—其他　　　　　　　　　　　　1 000元

　　（5）年终将"其他收入"账户的余额50 000元结转到"本年收益"账户。会计分录如下：

　　借：其他收入　　　　　　　　　　　　　　50 000元

　　贷：本年收益　　　　　　　　　　　　　　50 000元

二、成本

　　（一）生产成本核算的内容及确认

　　1. 生产成本核算的内容

　　成本是指为生产产品或提供劳务而发生的各种耗费。农民专业合作社直接组织生产或对外提供劳务所发生的各项生产费用和劳务成本，都要按成本对象进行归集，进行成本核算。

　　目前，我国直接组织产品生产的农民专业合作社比较少，而且规模较小、产品品种单一，大规模的农产品生产一般是由独立的农业企业组织进行的。因此，农民专业合作社的成本核算比较简单。农民专业合作社成本（劳务）核算的对象主要是农产品、工业产品和对外提供的劳务。

2. 生产成本的确认

确认成本应依照成本项目来进行。农民专业合作社的成本项目是指生产农产品、工业产品和对外提供劳务发生的各种耗费，既包括因生产产品和提供劳务而发生的直接费用，也包括因生产产品和提供劳务而发生的间接费用。

（1）农产品成本项目。一般包括：①直接材料，指生产中耗用的自产或外购的种子、种苗、肥料、地膜、农药等；②直接人工，指直接从事种植、养殖业生产的人员的工资、工资性津贴、奖金、福利费等；③其他直接费用，指除直接材料、直接人工以外的其他直接支出；④间接费用，指应摊销、分配计入各产品的间接生产费用，包括因组织和管理生产而发生的管理人员的工资、折旧费、修理费、水电费、办公费等。

（2）工业产品成本项目。一般包括：①外购材料，指农民专业合作社为进行生产经营而耗用的一切从外单位购进的原料及主要材料、半成品、包装物、低值易耗品等；②外购燃料，指农民专业合作社为进行生产经营而耗用的一切从外单位购进的各种固体、液体和气体燃料；③外购动力，指农民专业合作社为进行生产经营而耗用的一切从外单位购进的各种动力；④工资，指农民专业合作社应计入工业产品成本的职工工资；⑤折旧费，指农民专业合作社按照规定的方法计提的折旧费；⑥其他支出，指不属于以上各要素但应计入工业产品成本的支出。

（3）劳务费用成本项目。一般包括：农民专业合作社因对外提供劳务而发生的各种费用，包括培训费、工资福利费、差旅费、保险费等。

（二）生产成本的核算

1. 设置核算账户

设置"生产成本"账户进行分类核算，核算农民专业合作社直接组织生产或对外提供劳务所发生的各项生产费用和劳务成本。该账户借方登记按成本对象归集的各项生产费用和劳务成本；贷方登记已完工入库产品的实际成本和已经实现劳务收入而结转的劳务成本。期末借方余额，反映农民专业合作社尚未完成的产品和尚未结转的劳务成本。

本账户可按生产费用和劳务成本的种类设置明细账户，进行明细核算。

2. 农产品成本核算实务

农产品的生产经营周期较长，收获期比较集中，各种费用和用工的发生不均匀，因此，农产品成本通常是按产品生产周期来计算的。发生各种可区分的生产费用和劳务成本时，要将其直接归集到某种产品的成本中去；发生不可区分的生产费用和劳务成本时，可以采用一定的分配方法将其分配到各种产品成本中去。具体而言，可以采用的分配标准通常有农产品的种植面积、作业面积、产量等。

将直接发生的以及间接发生的并且按照一定标准分配的各种费用一律归集在"生产成本"账户的借方，同时，贷记"产品物资"、"应付工资"、"成员往来"、"应付款"、"现金"等账户。待农产品收获入库时，将前述按照成本核算对象归集在"生产成本"账户借方的各种生产费用和劳务成本，转入农产品成本，即借记"产品物资"账户，贷记"生产成本"账户。

【例49】经典专业合作社统一经营耕种10亩大豆和5亩芝麻，生产过程中分别投入了种子价值1 900元和900元的种子；施用的化肥价值分别为750元和600元；支付灌溉费给外村农机作业队，其中，大豆的灌溉费为400元，芝麻的灌溉费为300

元；支付给耕作人员的工资分别为 900 元和 800 元；两种作物的管理人员的工资为 750 元。当年两种作物的产量分别为 2 000 千克和 600 千克。

（1）投入种子时，编制会计分录如下：

借：生产成本——大豆　　　　　　　　　　　　　　　1 900 元

　　生产成本——芝麻　　　　　　　　　　　　　　　　900 元

　　贷：产品物资——种子——大豆　　　　　　　　　　1 900 元

　　　　产品物资——种子——芝麻　　　　　　　　　　　900 元

（2）施用肥料时，编制会计分录如下：

借：生产成本——大豆　　　　　　　　　　　　　　　　750 元

　　生产成本——芝麻　　　　　　　　　　　　　　　　600 元

　　贷：产品物资——化肥　　　　　　　　　　　　　　1 350 元

（3）支付灌溉费用时，编制会计分录如下：

借：生产成本——大豆　　　　　　　　　　　　　　　　400 元

　　生产成本——芝麻　　　　　　　　　　　　　　　　300 元

　　贷：库存现金　　　　　　　　　　　　　　　　　　700 元

（4）计提并支付耕作人员工资：

①计提工资时，编制会计分录如下：

借：生产成本——大豆　　　　　　　　　　　　　　　　900 元

　　生产成本——芝麻　　　　　　　　　　　　　　　　800 元

　　贷：应付工资　　　　　　　　　　　　　　　　　1 700 元

②支付耕作人员工资时，编制会计分录如下：

借：应付工资　　　　　　　　　　　　　　　　　　　1 700 元

　　贷：库存现金　　　　　　　　　　　　　　　　　1 700 元

（5）按照产品种植面积计算并分摊管理人员的工资：

①计算并分摊工资：

分配率 = 750 ／ 15 = 50（元／亩）

大豆应分摊的管理人员工资 = 10 × 50 = 500（元）

芝麻应分摊的管理人员工资 = 5×50 = 250（元）

借：生产成本——大豆	500 元
生产成本——芝麻	250 元
贷：应付工资	750 元

②支付管理人员的工资时，编制会计分录如下：

借：应付工资	750 元
贷：库存现金	750 元

（6）农产品收获入库后计算实际成本：

大豆的实际成本 = 1 900 + 750 + 400 + 900 + 500 = 4 450 元

芝麻的实际成本 = 900 + 600 + 300 + 800 + 250 = 2 850 元

借：产品物资——大豆	4 450 元
——芝麻	2 850 元
贷：生产成本——大豆	4 450 元
——芝麻	2 850 元

3. 工业产品成本核算实务

直接从事工业产品生产的农民专业合作社应该对生产经营过程中发生的各种生产费用以及劳务成本进行相应的账务处理，提供必要的会计信息，对整个生产经营过程进行成本核算和监督。

需要注意的是，农民专业合作社所属的各承包单位及所属的各类企业如果实行单独核算，所发生的产品成本和劳务成本就不属于农民专业合作社成本核算的范围了。

农民专业合作社在工业产品的生产过程中，发生的各项生产费用和劳务成本，应通过"生产成本"账户的借方进行归集；当产品完工入库时，通过"生产成本"账户的贷方结转至"产品物资"账户的借方，形成当期的完工产品成本；当该产品销售出去并实现销售收入时，将已销售产品的完工产品成本从"产品物资"账户的贷方结转入"经营支出"账户的借方。

【例50】经典专业合作社直接经营的砖厂，生产一批砖，领用价值 10 000 元的煤炭和价值 500 元的其他辅助材料，取土时用现金支付临时工人的工资 3 500 元，生产过程中支付生产工人工资 8 000 元，应分摊设备折旧费 1 100 元，应支付的水电费共计 1 000 元。该批砖已完工入库并在 10 日内销售给某建筑公司，实现产品销售收入 3 500 076，款项暂欠。

（1）领用材料时，编制会计分录如下：

借：生产成本——砖 　　　　　　　　　　　　10 500 元

贷：产品物资——煤炭 　　　　　　　　　　　10 000 元

——辅料 　　　　　　　　　　　 500 元

（2）支付临时工人的工资时，编制会计分录如下：

借：生产成本——砖 　　　　　　　　　　　　　3 500 元

贷：现金 　　　　　　　　　　　　　　　　　　3 500 元

（3）支付生产工人的工资时，编制会计分录如下：

借：生产成本——砖 　　　　　　　　　　　　　8 000 元

贷：应付工资 　　　　　　　　　　　　　　　　8 000 元

（4）分摊设备折旧费时，编制会计分录如下：

借：生产成本——砖 　　　　　　　　　　　　　1 100 元

贷：累计折旧 　　　　　　　　　　　　　　　　1 100 元

（5）计算水电费时，编制会计分录如下：

借：生产成本——砖 　　　　　　　　　　　　　1 000 元

贷：应付款——水电公司 　　　　　　　　　　　1 000 元

（6）结转完工产品成本时，编制会计分录如下：

本批砖的实际成本 = 10 500 + 3 500 + 8 000 + 1 100 + 1 000 = 24 100（元）

借：产品物资——砖 　　　　　　　　　　　　24 100 元

贷：生产成本——砖 　　　　　　　　　　　　24 100 元

（7）实现销售收入时，编制会计分录如下：

借：应收款——某建筑公司 　　　　　　　　　35 000 元

贷：经营收入——砖　　　　　　　　　35 000 元

（8）结转砖的成本时，编制会计分录如下：

借：经营支出——砖　　　　　　　　　24 100 元

贷：产品物资——砖　　　　　　　　　24 100 元

三、支出

（一）支出的含义及核算原则

1. 支出的含义

支出，是指农民专业合作社在一定会计期间内所发生的各种经济利益的总流出，分为经营性支出和非经营性支出。经营性支出包括经营支出和管理费用；非经营性支出指其他支出。

（1）经营支出，是指农民专业合作社因销售商品、农产品、对外提供劳务等日常活动而发生的实际支出。

（2）管理费用，是指农民专业合作社因管理活动而发生的各项支出，如管理人员的工资、办公费、差旅费、管理用固定资产的折旧费和维修费等。

（3）其他支出，是指农民专业合作社与经营管理活动无直接关系的其他支出，如公益性固定资产的折旧费用、利息支出、农业资产的死亡和毁损支出、固定资产及产品物资的盘亏和损失、防汛抢险支出、无法收回的应收款项损失、罚款支出等。

2. 农民专业合作社支出核算的原则

（1）权责发生制原则。根据权责发生制原则的要求，农民专业合作社在一定会计期间内发生的各项业务，凡是符合支出确认标准的本期支出，不论其款项是否已付出，均作为本期支出处理；反之，凡是不符合支出确认标准的款项，即使已在本期付出，也不能作为本期的支出处理。

（2）配比原则。农民专业合作社在支出核算中必须严格按照配比原则的要求，在确认收入的同时，必须将同属该会计期间的支出与之进行配比，以正确计算当期的收益。

（3）正确区分各种支出界线的原则。在核算中，农民专业合作社要正确区分收益性支出与对外投资支出、公积公益金支出、固定资产支出、农业资产支出以及无形资产支出的界线；正确区分收益性支出与各项往来结算款项的界线；正确区分收益性支出与内部各种支出项目的界线。不同性质的支出应当在不同的账户中进行核算。

（二）支出的核算

经营支出核算实务

（1）设置核算账户。设置"经营支出"账户进行总分类核算，核算农民专业合作社在一定会计期间内因销售商品、农产品、对外提供劳务等日常活动而发生的实际支出。该账户借方登记的内容包括：①销售农产品和工业产品的生产成本；②销售牲畜或林木等农业资产的成本；③劳务的成本；④有关生产经营用固定资产的维修费、运输费等；⑤产役畜的饲养费用及成本摊销；⑥经济林木投产后的其成本摊销。平时，期末余额在借方，表示至本期末累计发生的经营支出总额。年度终了时，将余额从本账户的贷方转入"本年收益"账户的借方，结转后，本账户无余额。

本账户应按经营项目设置明细账进行明细分类核算。

（2）经营支出的账务处理。销售农产品、牲畜和工业产品以及对外提供劳务的成本支出核算已在前面的经营收入核算部分介绍过了，具体的账务处理方法可参见前述相关案例。

下面举例说明经营支出的其他内容的核算。

【例51】经典专业合作社发生的有关经营支出的经济业务及账务处理如下：

①出售非经济林木一批，收到价款85 000元；该批非经济林木的实际成本为64 000元。

借：银行存款　　　　　　　　　　　85 000 元

贷：经营收入——农业资产收入　　　85 000 元

同时，结转销售成本：

借：经营支出——农业资产支出　　　64 000 元

贷：林木资产——非经济林木　　　　64 000 元

②以现金支付林地管理劳务费 500 元。

借：经营支出——林地管理支出　　　　500 元

贷：库存现金　　　　　　　　　　　　500 元

③从仓库中领用一批饲料，价值 2 000 元，用于喂养产役畜。

借：经营支出　　　　　　　　　　　2 000 元

贷：产品物资——饲料　　　　　　　2 000 元

④修理机耕设备发生修理费 1 000 元，用现金支付。

借：经营支出　　　　　　　　　　　1 000 元

贷：现金　　　　　　　　　　　　　1 000 元

⑤年终将"经营支出"账户的余额 620 000 元转入"本年收益"账户。

借：本年收益　　　　　　　　　　620 000 元

贷：经营支出　　　　　　　　　　620 000 元

（三）管理费用核算实务

1. 设置核算账户

设置"管理费用"账户对农民专业合作社因管理活动而发生的各项支出进行总分类核算。该账户的借方归集在本会计期间发生的管理人员工资、办公费、招待费、差旅费、管理用固定资产的折旧费和维修费等各项支出。平时余额在借方，表示至本期末累计发生的管理费用总额。年度终了时，将余额从本账户的贷方转入"本年收益"账户的借方，结转后，本账户无余额。

本账户应按费用项目设置明细账进行明细核算。

2. 管理费用的账务处理实务

【例52】经典专业合作社发生的有关管理费用的经济业务及账务处理如下：

①月末计提本月管理人员的工资30 000元。

借：管理费用——管理人员工资　　　　　　30 000元

贷：应付工资　　　　　　　　　　　　　　30 000元

②购买一批办公用品，支付现金800元。

借：管理费用——办公费　　　　　　　　　　800元

贷：现金　　　　　　　　　　　　　　　　　800。

③招待到村里考察的外商，以现金支付1 000元餐费。

借：管理费用——招待费　　　　　　　　　1 000元

贷：现金　　　　　　　　　　　　　　　　1 000元

④用现金800元购买表彰劳动模范的奖品，又用现金100元购买会计凭证和账簿。

借：管理费用——其他　　　　　　　　　　　800元

　　　　　　——办公费　　　　　　　　　　100元

贷：现金　　　　　　　　　　　　　　　　　900元

⑤用银行存款支付办公用水电费1 000元。

借：管理费用——水电费　　　　　　　　　1 000元

贷：银行存款　　　　　　　　　　　　　　1 000元

⑥计提管理用固定资产折旧费2 000元。

借：管理费用——折旧费　　　　　　　　　2 000元

贷：累计折旧　　　　　　　　　　　　　　2 000元

⑦用现金支付办公用计算机修理费300元。

借：管理费用——维修费　　　　　　　　　　300元

贷：现金　　　　　　　　　　　　　　　　　300元

⑧年终将"管理费用"账户余额100 000元结转到"本年收益"账户。

借：本年收益　　　　　　　　　　　　100 000 元

贷：管理费用　　　　　　　　　　　　100 000 元

3. 其他支出的会计核算实务

（1）设置核算账户。设置其他支出账户进行总分类核算，核算农民专业合作社在本会计期间内发生的与经营管理活动无直接关系的各种支出。该账户的借方用来归集其他支出的发生情况，具体包括：①公益性固定资产的折旧费用；②利息支出；③农业资产的死亡和毁损支出；④固定资产的盘亏和损失；⑤产品物资的盘亏和损失；⑥防汛抢险支出；⑦无法收回的应收款项损失；⑧罚款支出等。平时余额在借方，表示至本期末累计发生的其他支出总额。年度终了时，将余额从本账户的贷方转入"本年收益"账户的借方，结转后，本账户无余额。

（2）其他支出的账务处理实务。

【例53】经典专业合作社发生的有关其他支出的经济业务及账务处理如下：

①计提本村公益用固定资产的折旧费用 200 元。

借：其他支出　　　　　　　　　　　　200 元

贷：累计折旧　　　　　　　　　　　　200 元

②归还信用社短期借款 500 000 元，支付利息 15 000 元。

借：短期借款　　　　　　　　　　　　500 000 元

　　其他支出　　　　　　　　　　　　15 000 元

贷：银行存款　　　　　　　　　　　　515 000 元

③饲养的产蛋鸡因发病死亡 100 只，每只账面价值 8 元，保险公司按每只 6 元理赔。

借：应收款——保险公司　　　　　　　600 元

　　其他支出　　　　　　　　　　　　200 元

贷：牲畜（禽）资产——产役畜——鸡　800 元

④在对产品物资的清查中，盘亏饲料一批，实际成本为

3 000元。查明损失系管理不善造成，保管人员负有一定的责任，负责赔偿500元，其余部分经批准核销。

借：其他支出   2 500元

  成员往来   500元

贷：产品物资——饲料   3 000元

⑤组织抗震救灾，总计支出4 000元，其中搭建帐篷耗费价值3 000元的产品物资，支出现金1 000元。

借：其他支出——抢险支出   4 000元

贷：产品物资   3 000元

  现金   1 000元

⑥丙公司欠本村货款1 000元，对方已破产，货款无法收回，经批准予以核销。

借：其他支出   1 000元

贷：应收款——丙公司   1 000元

⑦由于未能按合同向A公司供货，使对方发生经济损失，被A公司罚款2 000元，已用现金支付。

借：其他支出   2 000元

贷：现金   2 000元

⑧年终将"其他支出"账户的余额50 000元结转到"本年收益"账户。

借：本年收益   50 000元

贷：其他支出   50 000元

四、盈余

(一) 盈余

合作社经营所产生的剩余，《农民专业合作社法》称之为盈余。举个简单的例子，假设一家农产品销售合作社，将成员的农产品（假设共3 000千克）按11元/千克卖给市场，为了弥补在销售农产品过程中所发生的运输、人工等费用，合作社会首先按20元/kg付钱给农民，同时，按每千克1元留在合作社3 000元钱。假设年终经过核算所有费用合计为2 000元，这样合作性就产生了1 000元剩余（3 000元 – 2 000元）。这1 000元剩余，实际上就是成员的农产品出售所得扣除共同销售费用后的剩余，即合作社的盈余。

（二）可分配盈余

可分配盈余是在弥补亏损、提取公积金后，可供当年分配的那部分盈余。如上面的例子，虽然当年的盈余为1 000元，但如果合作社上一年有200元的亏损，在分配前就应当先扣除200元以弥补亏损。如果按照章程或者成员大会规定需要提取200元作为公积金，那么当年的可分配盈余就只有600元（1 000元 – 200元 – 200元）。

第五节 盈余分配

盈余分配是合作社财务管理和会计核算的重要环节，关系到合作社及其成员的切身利益，具有很强的政策性。近几年，农民专业合作社的兴起和发展为农民增收奠定了坚实基础，专业合作社在沟通农户与市场的联系方面也有着独特的优势，而合作社的盈余直接影响到合作社成员的切身利益和合作社组织的稳定性。因此，年终按要求规范盈余分配尤为重要。

一、盈余分配的要求

可分配盈余按照下列规定返还或者分配给成员，具体分配办法按照章程规定或者经成员大会决议确定：①按成员与本社的交易量（额）比例返还，返还总额不得低于可分配盈余的60%；②按前项规定返还后的剩余部分，以成员账户中记载的出资额和公积金份额以及本社接受国家财政直接补助和他人捐赠形成的财产平均量化到成员的份额，按比例分配给本社成员。

合作社的盈余分配，是指把当年已经确定的盈余总额连同以前年度的未分配盈余按照一定的标准进行合理分配。盈余分配是合作社财务管理和会计核算的重要环节，关系到国家、集体、成员及所有者等各方面的利益，具有很强的政策性。因此，合作社必须严格遵守财务会计制度等有关规定，按规定的程序和要求，搞好盈余分配工作。

合作社在进行盈余分配前，首先应编制盈余分配方案，方案应详细规定各分配项目及其分配比例。盈余分配方案必须经合作社成员大会或成员代表大会讨论通过后执行，必须充分听取群众的意见。其次，应做好分配前的各项准备工作，清理有关财产，结清有关账目，以保证分配及时兑现，确保分配工作的顺利完成。

二、盈余分配的顺序

合作社的可供分配的盈余，按照下列顺序进行分配。

（1）弥补上年亏损。主要是弥补上年亏损额。

（2）提取盈余公积。盈余公积用于发展生产、转增资本，或者用于弥补亏损。

（3）提取应付盈余返还。应付盈余返还是指合作社可分配盈余中应返还给成员的金额。可分配盈余是指合作社在弥补亏损、提取公积金后的当年盈余。现行财会制度规定，应付盈余返还按成员与本社交易量（额）比例返还给成员的金额，返还给成员的盈余总额不得低于可分配盈余的60%，具体返还办法按照合作社章程规定或者经成员大会决议确定。

（4）提取剩余盈余返还。应付剩余盈余指按成员与本社交易量（额）比例返还给成员的可分配盈余后，应付给成员的可分配盈余的剩余部分。这部分可分配盈余在分配时，不再区分成员是否与本社有交易量（额），对成员一视同仁，人人有份，平均受益。合作社财会制度规定，应付剩余盈余以成员账户中记载的出资额和公积金份额以及本社接受国家财政直接补助和他人捐赠形成的财产平均量化到成员的份额，按比例分配给本社成员。也就是扣除上述各项后的盈余可按"成员出资"、"公积金份额"、"形成财产的财政补助资金量化份额"、"捐赠财产量化份额"合计数为成员应享有的"剩余盈余返还金额"量化到成员进行分配。

三、盈余分配的核算举例

为了反映和监督盈余的分配情况，专业合作社应设置"盈余分配"账户，核算专业合作社当年盈余的分配（或亏损的弥补）和历年分配后的结存余额。本科目设置"各项分配"和"未分配盈余"两个二级科目。专业合作社用盈余公积弥补亏损时，借记"盈余公积"科目。贷记本科目（未分配盈余）。按规定提取公积金时，借记本科目（各项分配），贷记"盈余公积"科目。按交易量（额）向成员返还盈余时，借记本科目（各项分配），贷记"应付盈余返还"科目。按成员账户中记载的出资额和公积金份额。以及本社接受国家财政直接补助和他人捐赠形成的财产平均量化到成员的份额，按比例分配剩余盈余时借记本科目（各项分配），贷记"应付剩余盈余"科目。

年终，专业合作社应将全年实现的盈余总额，自"本年盈余"科目转入本科目，借记"本年盈余"科目，贷记本科目（未分配盈余），如为净亏损，则做相反会计分录。同时，将本科目下的"各项分配"明细科目的余额转入本科目"未分配盈余"明细科目，借记本科目（未分配盈余），贷记本科目（各项分配）。年度终了，本科目的"各项分配"明细科目应无余额，

"未分配盈余"明细科目的贷方余额表示未分配的盈余,借方余额表示未弥补的亏损。

【例54】专业合作社用盈余分配弥补上年亏损30 000元。

用盈余分配弥补上年亏损,会减少盈余分配数额,增加盈余公积,因此,应借记"盈余分配——未分配盈余"账户,贷记"盈余公积"账户。会计分录为:

借:盈余分配——未分配盈余　　　　　　30 000元

贷:盈余公积　　　　　　　　　　　　　30 000元

【例55】专业合作社本年度实现盈余12 000元,根据经批准的盈余分配方案,按本年盈余的5%提取公积金。提取盈余公积后,当年可分配盈余的70%按成员与本社交易额比例返还给成员,其余部分根据成员账户记录的成员出资额和公积金份额以及国家财政直接补助和他人捐赠形成的财产按比例分配给全体成员。

(1) 结转本年盈余时:

借:本年盈余　　　　　　　　　　　　　12 000元

贷:盈余分配——未分配盈余　　　　　　12 000元

(2) 提取盈余公积时,按规定比例计算出提取金额12 000×5% =600(元):

借:盈余分配——各项分配——提取盈余公积　600元

贷:盈余公积　　　　　　　　　　　　　　600元

(3) 按成员与本社交易额比例返还盈余时,根据成员账户记录的成员与本社交易额比例,分别计算出返还给每个成员的金额和总额(12 000 – 600)×70% =7 980(元):

借:盈余分配——各项分配——盈余返还　　7 980元

贷:应付盈余返还——×成员　　　　　　　7 980元

(4) 分配剩余盈余时,根据成员账户记录的成员出资额和公积金份额以及国家财政直接补助和他人捐赠形成的财产平均量化到成员的份额。按比例分别计算出分配给每个成员的金额和总额 12 000 − 600 − 7 980 = −3 420（元）：

借：盈余分配——各项分配——分配剩余盈余　3 420 元

贷：应付剩余盈余——×成员　　　　　　　　 3 420 元

（5）结转各项分配时：

借：盈余分配——未分配盈余　　　　　　　　 12 000 元

贷：盈余分配——各项分配　　　　　　　　　 12 000 元

第六节　成员账户

《农民专业合作社法》规定，农民专业合作社应当为每个成员设立成员账户。这是农民专业合作社与其他会计主体相比较，财务会计核算的一个显著特征。合作社财务会计人员充分认识设立成员账户的重大意义、精通成员账户的编制和使用方法，对于依法进行财务会计核算，正确处理合作社与成员的经济利益关系尤为重要。

一、成员账户的意义

成员账户是农民专业合作社根据有关规定设立的、用来记录成员与合作社经济往来情况，借以处理成员与合作社利益分配关系的专用会计账户。它记载的主要内容有：①成员出资情况；②成员的公积金变化情况；③成员与合作社交易情况。

合作社之所以要为每个成员设立账户，其重要意义在于：

（1）设立成员账户，可以用来核算成员与合作社的交易量（额），为成员参与盈余分配提供依据。《农民专业合作社法》第 37 条规定，合作社弥补亏损、提取公积金后的当年盈余为合作社的可分配盈余。可分配盈余按成员与合作社的交易量（额）比例返还，返还总额不得低于可分配盈余的 60%。由此可见，成员与合作社的交易量（额）是可分配盈余返还的重要依据，对其核算正确与否，直接影响着成员从合作社获得的经济利益。

（2）设立成员账户，可以用来核算成员的出资额和公积金变化情况，为成员承担经济责任提供依据。《农民专业合作社法》第5条规定，农民专业合作社成员以其账户内记载的出资额和公积金份额为限对农民专业合作社承担责任。也就是说，当合作社解散需要清算时，成员承担的合作社债务，视成员账户中记载的出资额和公积金份额的多少而定。

（3）设立成员账户，可以用来核算成员出资额、与合作社的交易量（额），为附加表决权的确定提供依据。《农民专业合作社法》第17条规定，出资额或者与合作社交易量（额）较大的成员按照章程规定，可以享有附加表决权。因此，只有对成员出资额、与成员交易量（额）进行正确核算，才能合理分配附加表决权。

（4）设立成员账户，汇集相关会计资料，为成员退社时处理财务问题提供依据。《农民专业合作社法》规定，成员资格终止时，农民专业合作社应当按照章程规定的方式和期限，退还记载在该成员账户内的出资额和公积金份额，返还可分配盈余或承担亏损和债务。只有加强对成员出资额和公积金份额的核算，才能保证成员"退社自由"，享受应有的权利，履行应尽的义务。

二、成员账户的编制

《农民专业合作社财务会计制度（试行）》给出了成员账户的基本格式，见下表。实际工作中，不同的农民专业合作社可根据自身需要，增加或减少有关项目和内容，确定成员账户的实用格式。

表 成员账户

成员姓名：　　　　　　联系地址：　　　　　　第　　页

编号	年		摘要	成员出资	公积金份额	形成财产的财政补助资金量化份额	捐赠财产量化份额	交易量		交易额		盈余返还金额	剩余盈余返还金额
	月	日						产品1	产品2	产品1	产品2		
1													
2													
3													
4													
5													
年终合计													
				公积金总额：					盈余返还总额：				

在具体编制过程中，可按下列要求进行。

（1）该成员账户表反映合作社成员入社的出资额、量化到成员的公积金份额、成员与本社的交易量（额）以及返还给成员的盈余和剩余盈余金额。

（2）年初将上年各项公积金数额转入，本年发生公积金份额变化时，按实际发生变化数填列调整。"形成财产的财政补助资金量化份额"、"捐赠财产量化份额"在年度终了，或合作社进行剩余盈余分配时，根据实际发生情况或变化情况计算填列调整。

（3）成员与合作社发生经济业务往来时，"交易量（额）"按实际发生数填列。

（4）年度终了，以"成员出资"、"公积金份额"、"形成财产的财政补助资金量化份额"、"捐赠财产量化份额"合计数汇

总成员应享有的合作社公积金份额，以"盈余返还金额"和
"剩余盈余返还金额"合计数汇总成员全年盈余返还总额。

第七节　财务分析与财务监督

一、财务分析

（一）财务分析内容

1. 对合作社收入、支出情况的分析

主要是对各项收入、支出进行分析。

一是分析收入是否完成了合作社预算计划，与合作社上年实
际数或本年上期数相比较，分析各项收入的增减变动情况及其变
动的原因。

二是分析支出是否按规定的用途和标准使用，支出结构是否
合理，支出增减变动的原因等，找出支出管理中存在的问题，提
出加强管理的措施，提高资金的使用效率。

2. 对合作社资产使用情况和财务状况的分析

（1）对合作社固定资产的增加、减少和结存情况的分析。主
要是合作社固定资产的增加及其资金来源是否符合规定，减少是
否合理和经过批准，使用是否充分有效，有无长期闲置和保养不
善等情况。

（2）对合作社资金流转情况的分析。主要是分析合作社有无
保证其正常运转的资金（主要是货币资金）。

（3）对合作社应收应付款项的余额分析。应分析合作社各种
应收应付款的分布及未结算原因，各项借款及国家财政直接补助
资金及他人捐款的使用情况，有无长期不清、挂账、呆账等问题，
查明原因，及时处理。

（4）对合作社库存物资增减情况的分析。要分析合作社各种

库存物资的构成情况，有无长期积压和浪费损失的现象。

（5）分析合作社现金及银行存款的运用是否符合国家的现金管理和银行结算制度。

3. 对财务管理情况的分析

主要是分析合作社各项财务管理制度是否健全，是否符合国家有关规定和本合作社的实际情况，各项管理措施的落实情况如何。同时，要找出存在的问题，进一步健全和完善各项规章制度和管理措施，提高合作社的财务管理水平。

（二）财务分析方法

对合作社进行财务分析的方法很多，常用的有比较分析法和因素分析法。

1. 比较分析法

比较分析法是将两个或两个以上相关指标（可比指标）进行对比，测算出相互间的差异，从中进行分析、比较，找出产生差异的主要原因的一种分析方法。

这种方法主要从以下 3 个方面对每年度的经营收支和年度收益情况进行分析。

（1）本期实际执行与本期计划、预算进行对比。通过对比，找出差距，发现问题。这种方法，一般按下列公式进行。

实际较计划增减数额 = 本期实际完成数 – 本期预算（计划）数

预算（计划）完成的百分比 = 本期实际完成数 ÷ 本期的预算（计划）数 ×100%

（2）本期实际与历史同期进行比较。通过比较，可以了解本期与过去同时期的增减变化情况，研究同比条件下的发展趋势，分析原因，找出改进工作的方向。

（3）本期实际与同类合作社先进水平进行比较。通过比较，发现差距，取长补短，挖掘潜力，搞好本合作社的经营管理工作。

2. 因素分析法

因素分析法又称连环替代法。它是在几个相互联系的因素中，以数值来测定各个因素的变动对总差异的影响程度的一种方法，是比较法的发展和延伸。因素分析法一般是将其中的一个因素定为可变量，而将其他因素暂定为不变量，以测定每个因素对该项指标影响的程度，然后根据构成指标诸因素的依存关系，逐一测定各因素的影响程度。

二、财务监督

1. 内部财务审计

内审是财务监督的主要手段，有利于经常地开展工作，发现问题及时处理、纠正。因此，农民专业合作社可按自身的特点开展内审，对于设立执行监事或监事会的，执行董事要对财务进行内部审计，将审计结果向成员大会报告。对于没设立执行监事或监事会的，委托审计机构对财务状况进行审计。内部审计可根据实际情况定期或不定期对各项经济业务活动进行检查监督，对发现的违规违法行为或账务处理不当或财务手续不完备的，要及时采取有效措施，加以纠正和完善。财务部门要定期公开经营财务状况，并对社员提出质疑问题，给予问答，必要时要提供有关财务资料，供成员查阅，接受社员监督。此外，要积极督促检查盈余分配方案，确保成员经济收入落实。

2. 农经部门指导

乡镇和县级农经部门要加强合作社财务审查和指导，督促财务人员及时准确地填写会计凭证、设置账簿、编制会计报表，撰写说明书，规范会计基础工作。审查监督合作社做好财务会计项目的修正和调整，提出整改意见和建议。

3. 财政部门监督

各级财政部门要深入基层合作社，了解财务会计工作，加强监督调查。一方面督促财政直接补贴资金的落实；另一方面，检查会计核算和会计监督工作，推进会计职能实现。对于一些示范性合作社获得各级财政奖励资金的，要加强奖励项目的日常使用情况审计，加大督促力度，保证做到专款专用，并保证资金分配落实到每个社员账上。

案 例

规范财务管理　提高合作社发展经营水平

农民专业合作社作为近年来蓬勃发展的新型农业经营主体，在提高农民进入市场的组织化程度、推进农业标准化生产、提高农产品市场占有率、促进农业增效和农民增收等方面发挥着越来越重要的作用。同时，合作社的发展也面临不少问题，真正规范发展、效果突出的还只是少数，很大一部分合作社存在不同程度的组织涣散、运行不畅甚至有名无实等问题，缺乏规范的财务管理，是导致出现以上问题的关键一环。

山东省章丘市是中国果菜十强县市、全国品牌农业示范县，近年来合作社发展很快，已有806家，成员6.3万个，规模经营土地12万亩以上。2013年8月到11月，对章丘华宝蔬菜、小康金银花、鑫富泉薄壳核桃等12家市级以上合作社进行调研后，发现其成功的一个共同特点，就是严格财务管理、会计核算和收益分配。

优秀合作社加强财务管理的主要做法

建立科学的利益联结机制，增强合作社的凝聚力。章丘各优秀合作社，都把成员共同受益作为重要内容，制定了符合实际、操作性强的章程，特别是对成员出资、财务管理、盈余分配等做出明确规定，为规范管理奠定了基础。例如，白云湖渔业专业合作社对参与盈余分配的经营项目做出明确规定，成员按照高于市场价一定比例向合作社销售生态甲鱼等产品获得直接收益之后，合作社的产品经营收入、经营饲料鱼药的收入，也用于盈余分红。

健全内部控制体系，实现规范运营健康发展。一是健全产品质量控制体系，凡是成员缴纳的农产品，批批进行药残检测，不达标的不予收购并坚决销毁；二是健全产品营销控制体系，健全产品收购销售档案，产品数量、营销人员、营销时间、销售目的地等情况一目了然；三是健全资金资产控制体系，由专业财会人员从事财务管理，规范账目，统一票据，严格程序；四是健全工作人员效率控制体系，实行绩效工资法，调动工作人员的积极性。

规范会计核算和盈余分配，确保成员充分享受发展成果。各合作社重视做好资产损益、资金收支、资本公积、所得分配等核算工作，特别是把接受国家财政直接补助形成的各类资产，以及接受他人捐赠的资产计入专项基金，纳入合作社的所有者权益。在此基础上，科学制定盈余分配方案，每年召开一次成员大会，通报经营状况，民主协商盈余分配方案。

注重财务资料分析，培育新的盈利项目。优秀合作社通过对资金、资产收益率等财务会计资料进行核算分析，能够调整经营方向，发展投入产出效益高的新项目。例如，辛寨大锤农机合作社通过连续 3 年对不同环节农机作业投入产出效益的综合分析，经营范围由临时性单项农机作业，向土地耕种防收全程机械化托管服务发展，在辛寨托管粮食作物 2.3 万亩。

加强财务管理取得的突出效果

生产经营实力快速增强。华宝蔬菜合作社成立 6 年来，固定资产总额由 103 万元增加到 450 多万元，销售额由 120 多万元提高到 680 多万元，纯收入从最初的 5 万元提高到 92 万元。小康金银花合作社由栽植300亩金银花，延伸到金银花烘干加工，并发展起占地1 500亩的现代农业园区。

市场竞争力持续提高。绣惠大葱专业合作社与全聚德集团签订了周年供应章丘大葱的协议，每年营销大葱2 260吨，销售收入1 300多万元。鑫富泉薄壳核桃合作社与汇友食品有限公司签订了长期供货协议，年销售核桃8万kg。

赢得更多政策项目资金支持。据不完全统计，调查的12个合作社共实施各类项目26个，获得农田基建、药残检测、冷链物流、设施农业、园区提升、品牌创建等方面的财政扶持、奖励资金1 860多万元。

合作社成员的经济收益增加。加强合作社财务管理，一方面从源头上堵塞了生产经营漏洞，降低了成本；另一方面，通过规范管理，争取了各级财政资金的投入；再一方面，通过加强财务管理，拓展了合作社的经营范围。

全面提高合作社建设发展水平

要把保证成员收益作为合作社发展的首要目标。一部分合作社发展缓慢、甚至萎缩解散的主要原因，是经营不景气、投入回报低或无回报，影响了成员的信心。办好合作社，要把增加盈利性、提高回报率作为首要目标，并在财务管理环节严控开支、科学管理。

要把提高人员素质作为合作社规范建设的关键。工作人员既要不断增强经营发展能力，更要遵纪守法、自我约束，形成积极向上、凝心聚力的正能量。

要把建章立制作为合作社健康发展的基础。优秀合作社在档案管理、财务管理、收益分配制度等方面都非常齐全；岗位工作职责、报酬收入都非常具体；产品质量检测、支出审批、资金支付、账目处理等程序都非常严格；资产核定、资金使用、权益分配等办法也都非常明确。

要把经营信息公开作为凝聚合力的重要方法。财务及经营状况不公开、不透明是导致无端猜忌、人心涣散的主要原因。无论合作社经营业绩如何，都应及时向所有成员公开，打消疑虑、争取支持、同舟共济。

要把财务分析成果作为科学决策高效经营的重要依托。作为生产经营主体，选择的经营项目不同，投入产出收益也大相径庭。各合作社应注重财务资料的分析，明确发展重点，降低经营风险。

第七章　农民专业合作社的发展与扶持

第一节　国家指导与扶持的重要性

一、国家指导与扶持是合作社发展壮大的重要保证

我国农民专业合作社还处于发展的初期，要真正成为引领农民参与国内外市场竞争的现代农业经营组织，还要作出长期努力，需要不断加大扶持力度。从总体上讲，目前，我国农民专业合作社带动农户的能力还比较弱，经营规模还不够大，可持续发展能力还不够强，需要各级政府进一步加大扶持力度，加快发展步伐。要切实贯彻落实好《农民专业合作社法》的各项规定，牢固树立扶持农民专业合作社就是扶持农业和农民的观念，强化扶持政策，完善配套措施。必须更加重视发挥《农民专业合作社法》等法律的规范和保障作用，注重在规范中促发展，在发展中逐步规范，同时，要加强宣传和培训，使法律精神真正为基层干部和广大农民群众所掌握和运用。必须更加重视发挥政策的引导和支持作用，不断完善产业、财政、金融、税收等方面的支持政策，加大扶持力度，为农民专业合作社发展提供强大动力。必须更加重视发挥政府的指导、扶持和服务作用，地方各级政府和各有关部门要切实增强责任感和使命感，加强调查研究，不断创新工作思路，科学有效地推进农民专业合作社加快发展。必须更加重视发挥典型示范和带动作用，大力开展"农民专业合作社示范

性建设行动"，使一批优秀农民专业合作社率先成为引领农民参与国内外市场竞争的现代农业经营组织。必须更加重视发挥人才的支撑和保障作用，加大培训力度，努力培养造就一支善经营、会管理、懂技术、有奉献精神、能带领群众致富的农民专业合作社经营管理人才队伍，提高合作社管理和服务水平。必须更加重视发挥舆论的宣传和引导作用，营造有利于农民专业合作社发展的良好环境，广泛宣传农民专业合作社发展的好经验、好典型，扩大农民专业合作社的社会影响。

二、国家指导与扶持是"三农"工作的重要内容

扶持农民专业合作社发展是党的"三农"工作理论和政策的重要组成部分。近几年来，中央多次强调发展农民专业合作组织的重要性，并把发展农民专业合作社作为加强"三农"工作的重要任务，作出一系列重要部署，采取了一系列重大举措。

2004 年以来，每年的中共中央 1 号文件都提出要支持农民专业合作组织发展。2014 年中共中央 1 号文件指出：要大力发展农户间的合作与联合。这些年，农民专业合作、股份合作等合作经济迅速发展，带动了千家万户走向大市场、实现规模经营。要把发展多种形式的农民合作社作为构建新型农业经营体系的重要任务，加大扶持力度，加强能力建设，引导规范运行。构建新型农业经营体系，离不开工商资本的支持和参与。要鼓励和引导工商资本到农村发展适合企业化经营的种养业，重点投资发展种苗、饲料、储藏、保鲜、加工、购销和"四荒"资源开发等领域、环节，通过发挥其资金、技术、人才的优势，与农户和农民合作社建立起紧密的利益联结机制，带动农民开展产业化经营，实现合理分工、共生共赢。对工商企业租赁农户承包地要建立严格的准入监管制度和风险保障金制度。

要健全农业社会化服务体系。解决"怎么种地"的问题，

必须解决好"谁来服务"。健全的农业社会化服务体系，是构建新型农业经营体系的重要一环，新型农业经营主体加上农业社会化服务将是建设现代农业的理想格局。从我国人多地少、农户经营主体数量众多的基本国情农情看，更要注重以扩大服务规模来弥补土地经营规模的不足。要充分发挥公共服务机构作用，重点培育经营性服务组织，加快构建公益性服务与经营性服务相结合、专项服务与综合服务相协调的新型农业社会化服务体系。大力发展主体多元、形式多样、竞争充分的社会化服务，推广合作式、订单式、托管式服务模式。要加快供销合作社改革发展。

三、国家指导与扶持是国际通行做法和经验

农民专业合作社是市场经济条件下党领导农业和农村工作的重要抓手，是增加农民收入、提高农业整体素质、推进现代农业建设的有效组织形式。欧美等发达国家80%以上的农户都加入了农业合作社，有的农户还同时加入两个以上的合作社。通过农业合作社，有效保护了农民利益，推动农业生产走上了专业化、商品化和现代化道路。例如，欧盟各国，农业合作社销售的农产品占当地市场份额的60%左右。在美国，由合作社提供的化肥、石油占44%，贷款占40%，由合作社加工的出口农产品占到农产品出口总量的80%。在法国，90%的农户成为各类农业合作社成员，合作社收购了全国60%的农产品，占食品加工业产值的40%，通过合作社出口的谷物占45%，鲜果占80%，肉类占35%，家禽占40%。综观当今世界，凡是现代农业发达的国家，都离不开具有现代农业经营组织特征的农业合作社，更离不开法国政府的引导、支持和监管。

在国家指导与扶持方面，法国经验是非常值得借鉴的。法国农业合作社是由农民在自愿、平等和民主的基础上组织起来的。法国政府通过法律、援助与补贴投入、税收优惠、信贷支持、监

管等途径对农业合作社的健康发展提供支持，为应对其发展的内外条件的不断变化，法国政府还通过国家政权的力量积极干预与采取政策扶持，降低农业合作社发展的不确定性，引导其向规范化、制度化方向深入发展。

（一）颁布法律规范农业合作社的发展

法国政府通过颁布实施一系列相关法律界定农业合作社的法律地位，规范、引导和促进农业合作社的健康发展。1884 年颁布了《职业组合法》，其所谓的"职业组合"就是政府为了应对经济不景气而设计的针对工商业者和农民的互助机构。按照《职业组合法》，农民组成很多"农业职业组合"，实际上就是法国农业合作社的雏形，借助"农业职业组合"，当时农业合作社的主要职能领域是谷物销售与仓储、葡萄种植、酿酒和农业生产资料供应，农民联合在一起以互助的方式进行融通资金、办理农业保险、共同购买农业生产资料、共同销售农产品等。1920 年颁布了《互助信用和农业信用合作社法》，规定信用合作社是独立的社会团体，也可以作为农业职业组合的附属机构，同时允许其购买机械设备、肥料、种苗等农业生产资料并在农民中进行分配（蒋忱忱，2011；彭海波等，2011）。1947 年颁布了《合作总章程》。1960 年颁布了《农业指导法》，允许成立土地调整公司收购小农由于无法耕种而被迫放弃的土地并将收购来的土地转售给大型农场，还对实行大面积标准化生产的大农场给予优惠政策，优先提供低息政府贷款、补贴和税收减免，促进了当时一些组织性相对较弱的肉类加工、水果、蔬菜等行业合作社的建立。1962 年颁布《农业共同经营组合法》，规定给予农业共同经营联合体以优惠贷款和一定数量的无偿补贴。随着经济的发展以及外在条件的改变，法国政府对相关法律进行进一步修订和完善并颁布新的法律。1967 年颁布《合作社调整法》并修改农业合作社章程，提出将农业合作社与农村工商活动联系在一起。1972 年颁布的法律具有更加重要的意义，允许合作社与非合作社组织进行商业往来，有利于农业合作社在新形势下的发展壮大，也有利于互助合作运动的维持和深化（李先德，1999）。

（二）对农业合作社发展提供全面支持

在补贴支持方面，法国政府对农业合作社发展提供大量援助与补贴投入。农业合作社在创办之初可从政府获得援助与补贴，进行生产投资也可从政府获得援助与补贴。例如，CUMA在成立时，政府会根据其社员数量给予2.4万~4万法郎的启动经费，并根据CUMA购买机械设备类型的不同提供相当于机械设备购买费用15%~25%的无偿援助；对GAEC给予财政补助等援助；农产品营销合作社创办后3年内，给予财政补贴并优先提供资助；农业合作社开展农田基本建设时可以得到10%~20%的财政补贴（李先德，1999；易欢等，2011）。在税收支持方面，法国政府为农业合作社提供纳税减免的优惠待遇。农业合作社如果只与社员发生业务往来且遵循合作社组织原则，可以享受免税；农产品供应与采购合作社以及农产品的生产、加工、储藏和销售合作社及其联盟免缴相当于其生产净值35%~38%的公司税；CEIA及UNCEIA免缴注册税；谷物合作社及其联盟免缴登记税和印花税；农业合作社减半征收不动产税和产品税（李先德，1999；蒋忱忱，2011）。

在信贷支持方面，法国政府通过法国农业信贷银行等农业信贷机构，为农业合作社的发展壮大提供优惠贷款。早在19世纪初期，法国政府就颁布了《土地银行法》，建立了农村信贷机构，支持农业合作社发展。1894年成立了法国农业信贷银行，政府向农业合作社提供的优惠贷款主要由其负责发放，优惠利率与普通利率之差由政府进行补贴（易欢等，2011）。例如，CUMA和山区及经济条件差的农业合作社可获得年利率为3.45%、最长期限可达12年的优惠贷款；平原地区的农业合作社可获得年利率为 4.7％、最长贷款期限为 9 年的优惠贷款；农业合作社在为扩大生产规模而购买土地时，可获得年利率为 3％ 的长期贷款。

在其他方面，法国政府还非常重视对农业合作社的非资金支持，如科学研究、教育与培训、咨询服务、国际交流与合作等。在科学研究方面，鼓励并支持农业科研机构与院校和农业合作社开展合作，以更好地为农业和食品行业的发展提供强有力的科技支持。在教育与培训方面，在大力发展农业高等教育的同时，还鼓励和支持相关职业教育机构和组织的发展，以在提升农民综合素质和职业技能的同时，提高农业合作社管理人员的管理能力和水平。在咨询服务方面，健全和完善各级政府部门和机构的咨询职能，为农业合作社提供关于法国政府以及欧盟在农业及相关领域的政策与法律法规、国内外市场动态等方面的全方位咨询服务。在国际交流与合作方面，积极促进本国农业合作社组织和相关地区性、世界性组织与机构的交流和合作，提升法国农业合作社组织在欧盟以及国际社会中的地位和影响力。

（三）对农业合作社进行严格监管

法国各级农业部门都设有负责农业合作社事务的专门机构，负责监督农业合作社在相关法律法规方面的执行情况，并且与政府其他部门一起检查农业合作社的财务制度与运行状况。农业合作社的建立和撤销必须经过农业部门审批；农业合作社从全国农业信贷银行贷款时，也要接受财政监察员和财政管理官员的监督；如果农业合作社的营业范围等有所变动，或者准备与其他组织合并、收购股份等，必须向农业部门备案并得到批准；每个农业合作社的年度会议纪要、账目等都要报农业部门备案，以便农业部门根据有关法律条文评价其运行状况，相关法律还规定由法国财政部下属的税务稽查部门负责对农业合作社与非社员进行的交易进行监督检查；如果发现农业合作社的理事不胜任，或者有违犯法律规定的行为，甚至是出现漠视合作社集体利益的情况，可由农业部长、大区行政长官或省督组织召开特别大会进行处理；根据法国农业合作最高理事会（HCCA）的规定，如果农业合作社组织股东大会决定的措施无效，农业部长可宣布解散理事会，并任命临时管委会；新理事会任命后 1 年期限内，若该合作社仍未恢复正常运转，农业部长可以吊销该合作社的执照。

第二节　国家对农民专业合作社的政策支持

当前，农民专业合作社加快发展，在提高农业组织化程度、发展现代农业、促进农民增收、建设社会主义新农村等方面发挥了重要作用。国家对扶持农民专业合作社发展高度重视，先后出台了一系列扶持政策措施。

一、税收优惠政策

农民专业合作社作为独立的农村生产经营组织，可以享受国家现有的支持农业发展的税收优惠政策，《农民专业合作社法》第五十二条规定，农民专业合作社享受国家规定的对农业生产、加工、流通、服务和其他涉农经济活动相应的税收优惠。支持农民专业合作社发展的其他税收优惠政策，由国务院规定。

财政部、国家税务总局于 2008 年 6 月 24 日下发了《关于农民专业合作社有关税收政策的通知》。通知具体如下：

（1）对农民专业合作社销售本社成员生产的农业产品，视同农业生产者销售自产农业产品，免征增值税。

（2）一般纳税人从农民专业合作社购进的免税农产品，可按 13% 的扣除率计算抵扣增值税进项税额。

（3）对农民专业合作社向本社成员销售的农膜、种子、种苗、化肥、农药、农机，免征增值税。

（4）对农民专业合作社与本社成员签订的农业产品和农业生产资料购销合同，免征印花税。

二、金融支持政策

《农民专业合作社法》第五十一条规定，国家政策性金融机构和商业性金融机构应当采取多种形式，为农民专业合作社提供金融服务。把农民专业合作社全部纳入农村信用评定范围；加大信贷支持力度，重点支持产业基础牢、经营规模大、品牌效应高、服务能力强、带动农户多、规范管理好、信用记录良的农民专业合作社；支持和鼓励农村合作金融机构创新金融产品，改进服务方式；鼓励有条件的农民专业合作社发展信用合作。

三、财政扶持政策

《农民专业合作社法》第五十条规定，中央和地方财政应当分别安排资金，支持农民专业合作社开展信息、培训、农产品质量标准与认证、农业生产基础设施建设、市场营销和技术推广等服务。对民族地区、边远地区和贫困地区的农民专业合作社和生产国家与社会急需的重要农产品的农民专业合作社，给予优先扶持。目前，我国农民专业合作社经济实力还不强，自我积累能力较弱，给予专业合作社财政资金扶持，就是直接扶持农民、扶持农业、扶持农村。

2003—2010 年，中央财政累计安排专项资金超过 18 亿元，主要用于扶持农民专业合作社增强服务功能和自我发展能力。农机购置补贴财政专项对农民专业合作社优先予以安排。

四、涉农项目支持政策

2010 年农业部等 7 部委决定，对适合农民专业合作社承担的涉农项目，将农民专业合作社纳入申报范围；尚未明确将农民专业合作社纳入申报范围的，应尽快纳入并明确申报条件；今后新增的涉农项目，只要适合农民专业合作社承担的，都应将农民专业合作社纳入申报范围，明确申报条件。

目前，农业部蔬菜园艺作物标准园创建、畜禽规模化养殖场（小区）、水产健康养殖示范场创建、新一轮"菜篮子"工程、粮食高产创建、标准化示范项目、国家农业综合开发项目等相关涉农项目，均已开始委托有条件的有关农民专业合作社承担。

五、农产品流通政策

鼓励和引导合作社与城市大型连锁超市、高校食堂、农资生产企业等各类市场主体实现产（供）销衔接。

六、人才支持政策

从2011年起组织实施现代农业人才支撑计划，每年培养1 500名合作社带头人。继续把农民专业合作社人才培训纳入"阳光工程"，重点培训合作社带头人、财会人员和基层合作社辅导员。鼓励大学生村官参与、领办合作社。

七、维护合作社合法权益政策

加大对农民专业合作社乱收费、乱罚款行为的监督管理，把对农民专业合作社的乱收费列入农民负担监督管理的专项整治范围。

第三节　促进农民专业合作社发展的保障措施

为促进农民专业合作社的发展，各相关部门对农民专业合作社的建设和发展给予了积极的指导、扶持和服务，为农民专业合作社的发展创造宽松环境和提供政策保障。

一、广泛宣传，营造发展氛围

各级政府及相关部门利用广播、电视、报刊、互联网络等媒体和现场会、观摩会、经验交流会、专题讲座、培训、印发宣传资料等，采取多种形式宣传发展合作经济组织的重要意义、合作知识、政策法规、制度建设、合作典型，启发教育农民增强合作意识，激发其加入合作经济组织的积极性，努力营造促进农民合作经济组织发展的社会舆论氛围。

二、培育典型，建立示范体系

选择一批规模较大、内部管理规范、运行良好、市场开拓力强的合作社进行重点资金支持，培育出一批成功的典型，增强农民专业合作社的吸引力，扩大覆盖面，提升辐射带动能力。同时，扩大农民专业合作社试点范围，选择一批产业特色优势明显、工作基础扎实、不同产业和类型的合作社进行试点，加快建立省、市、县三级农民专业合作社示范体系。

三、加大扶持力度，推动发展

各有关部门和各级金融机构牢固树立扶持农民专业合作社就是扶持农业和农民的思想，像扶持龙头企业一样扶持壮大农民合作社。各级财政都要安排专项资金或设立发展基金，逐年扩大扶持范围，增加受益面。税务、金融部门要尽快研究制定支持农民专业合作社发展的税费减免、金融服务、农产品保险等相关政策，加大税收、金融扶持力度；积极探索通过合作社落实农业项目资金的新途径，尽快制定农民专业合作社承担国家和省上涉农项目的具体办法，在安排农业产业化、农田基本建设、农技推广、农村信息网络、农业综合开发等建设项目时，尽可能委托和安排有条件的专业合作社组织实施。

四、开展教育培训，造就业务骨干

各级农业、农经等部门要切实履行职责，要有计划、有步骤的开展各种培训，尽快建立一支懂经营、会管理、有责任心的专业辅导队伍。市财政每年要安排一定的资金，启动合作经济组织的培训工作，重点培训两支队伍。一是重点对合作经济组织负责人开展市场营销与管理、信息技术、政策法规、合作知识及有关制度的培训。二是重点对市、县、乡各级业务指导人员培训。按照分类指导、分级负责、注重实效、方法灵活的原则，建立培训制度，分层次做好培训工作。市重点培训县区业务指导人员；县区重点培训乡镇指导业务人员和乡村干部以及合作经济组织负责人。通过培训，提高业务指导水平和合作经济组织负责人经营管理水平和市场开拓能力。

五、加强组织领导，促进政策落实

各级党委、政府要切实加强组织领导，把这项工作列入重要的议事日程。各级农业行政部门作为业务主管部门，要认真制定发展规划并抓好组织实施，要加强指导协调和督促检查，做好服务工作，促进各项扶持政策和措施的落实。财政、人事、科技、民政、工商、税务、金融、供销、林业等部门要采取切实措施，支持农民合作经济组织的发展。要抓点带面，积极培育示范性合作经济组织，把发展农民合作经济组织列入各级农业部门年度目标考核的内容，通过年度目标考核，增强农业部门的责任感和紧迫感，激发其工作的积极性和主动性，扎实推进农村合作经济组织又好又快地发展。

案 例

【案例一】

清城出台惠农新政策扶持专业合作社发展

"清远乌鬃鹅是广东省四大名优鹅种之一，我们有乌鬃鹅的良种，可以利用这样的优势资源，整合全村力量，成立合作社，发展乌鬃鹅产业，带领全村致富增收。"清远市清城区顺利养殖专业合作社法人代表潘浩明介绍，通过专业合作社运营，可以带动周边群众致富增收。

为鼓励和加快整体发展，清城区大力支持结构完整、管理规范的农民专业合作社，凡今年新成立的农民专业合作社区财政给予补贴 3 000 元，获得国家级、省级、市级相关认证的还将获得最高 20 万元财政补贴。

专业合作社尝财政补贴甜头

位于清城区横荷街青山向北村的顺利养殖专业合作社成立于去年 1 月，这个合作社以孵化鹅苗、卖鹅苗为主营业务，目前已经联合 12 户农户，200 余村民参与该合作社。

潘浩明介绍说，清远特产清远鸡很出名，全市范围内专业养鸡合作社很多，还有龙头型企业天农企业。但是清远另一名特产乌鬃鹅就乏人问津，不管是数量上还是规模上，养乌鬃鹅的专业合作社远远少于清远鸡的专业合作社，既然是清远名特产，肯定有发展空间，而向北村也有乌鬃鹅良种，可以发展乌鬃鹅养殖业，"在这样的背景下，顺利养殖专业合作社成立了。"

由于成立时间仅一年半，虽然想扩大经营规模，但由于资金比较紧缺，暂时没有办法进一步扩大，目前主要以孵化鹅苗、卖鹅苗为主营业务，去年卖掉鹅苗 6 万~7 万只。

逐渐发展的顺利合作社却并没有想象中的"顺利"。潘浩明介绍说，去年合作社遭遇养鹅业"寒冬"，由于全年各类疫情不少，鹅苗经常出现病毒，"疫情难以控制，死掉不少鹅苗。"

在合作社不断亏损的情况下，政府部门的财政补贴及时送上门。潘浩明介绍说，合作社 2014 年 5 月被评为市级示范单位，将会获得一笔政府财政补贴，"目前正在进行资料审核，近期可能会下发补贴资金，资金到位后，可以解燃眉之急。"

虽然目前发展受到挑战，但潘浩明还是表现出雄心壮志，虽然发展时间不长，但是这个行业还是很有发展前景，"以后希望可以争创国家级专业合作社，甚至申请国家级著名商标，促进整个行业的发展，带动周边群众致富。"

最高可获 20 万元财政补贴

农民专业合作社是农民与农民联合起来建立的经济实体，其主要是以周边人情关系、熟人社会和所了解的风俗民情为主体，在有限的范围内尽可能将农民组织起来，以人头的规模优势来进行规模化农业生产，在生产资料采购、产品销售和市场竞争力方面具有明显优势。今年以来，清城区加强为农业、农村、农民"三农"服务的力度，深入农村综合改革工作，以"农村金融改革工作"为重点，有效解决发展农村生产和发展农业产业化融资难的问题。

为鼓励和加快整体发展，清城区大力支持结构完整、管理规范的农民专业合作社。凡今年新成立的农民专业合作社区财政给予补贴 3 000 元；2014 年获得国家、省、市级农民专业合作社示范社称号的区财政将分别给予补贴 10 万元、5 万元、2 万元；2014 年成功创建国家、省、市级农业龙头企业的区财政将分别给予补贴 20 万元、10 万元、5 万元；2014 年创建省级以上名牌和著名商标的区财政给予一次性补贴 10 万元；2014 年获得国家级绿色食品、有机食品基地（种植 300 亩以上，禽畜 3 万只以上）认证的区财政给予一次性补贴 10 万元；2014 年农产品、禽类、水产生产基地获得出口基地认证（200 亩以上）的区财政给予一次性补贴 5 万元。

目前，清城区还以农民专业合作社为平台，建立农民相互之间的信用担保体系。清城区供销社积极发展和指导领办农村资金互助会（社），以农民专业合作社（农村经济合作社）或者供销合作社为基础，以社员为入会会员，自愿联合，民主管理，为会员提供资金融通服务的互助性、非营利性新型农村合作金融组织。

【案例二】

铁东区采取四项措施推动农民合作社健康快速发展

为了实现全区农民专业合作社更好更快地发展，铁东区积极采取四项措施，助推农民合作社健康快速发展。

第一，加大扶持力度，壮大农民专业合作社发展规模。

铁东区结合全区优势产业项目，制定奖补政策。在信贷、税收、用地、用电以及农产品质量安全标准认证、品牌注册、绿色通道等方面，积极给予便利并降低相关费用，促进农民专业合作社规模不断发展壮大。同时，将与金融机构一起对全区合作社建立信贷档案，积极为合作社打开资金信贷通道，解决合作社和社员融资难问题。

第二，加强辅导培训，保障农民专业合作社健康发展。

铁东区农资管理站牵头或聘请专家教授组织合作社进行有针对性的培训1次。同时，全面实行辅导员制度，定期对合作社负责人开展业务指导。组织合作社负责人外出参观，学习外地合作社先进管理经验，开阔工作思路。

第三，立足品牌市场，支持农民专业合作社做强做大。

区政府与大专院校、龙头企业、行业联合建成紧密合作关系，提升产品的科技含量。推进品牌建设，在3家合作社注册自己的品牌基础之上，力争再注册几家，提升产品竞争力。

第四，立足特色优势，夯实农民专业合作社实力。

积极探索把同类产业的大小合作社联合起来，组建以特色产业为依托的联合社。目前，铁东区已经建立 42 家联合社，2015年铁东区将通过点、线、面的结合，加速全区同类合作社的整合，加快组建主导产业联合社，鼓励合作社打破区域界限，实现跨区域联合，力争将联合社发展到 50 家。

参考文献

［1］韩永廷．大力发展农民专业合作社的几点思考［J］．蚌埠党校学报，2007.

［2］王正祥．新型职业农民专业合作社［M］．北京：中国农业科学技术出版社，2014.

［3］夏英．农民专业合作社与农产品质量安全保障分析［J］．农村经济管理，2009.

［4］农业部．农民专业合作社100问［M］．北京：中国农业出版社，2013.

［5］李瑞芬．城郊农村如何办好农民专业合作经济组织［M］．北京：金盾出版社，2010.

［6］中国农民合作社网［EB/OL］.http：//www.zgnmhzs.cn.